谨以此书献给天下所有不甘于平凡的人

我们可以不美丽，但我们健康；我们可以不伟大，但我们庄严；我们可以不完满，但我们努力；我们可以不永恒，但我们真诚。

业绩才是硬道理

用业绩证明你的能力

潘道冲　姜长斌◎编著

只有将业绩做到最棒：才能证明自己的实力；才会不畏经济的寒冬；才能紧跟时代的步伐；才会创造卓越的人生。

中国言实出版社

图书在版编目(CIP)数据

用业绩证明你的能力/潘道冲,姜长铖编著.
—北京:中国言实出版社,2011.1
ISBN 978-7-80250-382-3

Ⅰ.用…
Ⅱ.①潘…②姜…
Ⅲ.①成功心理学-通俗读物
Ⅳ.①B848.4-49

中国版本图书馆 CIP 数据核字(2010)第 213267 号

出版发行 中国言实出版社
地　址:北京市朝阳区北苑路 180 号加利大厦 5 号楼 105 室
邮　编:100101
电　话:64924716(发行部)　64963101(邮　购)
　　　　64924880(总编室)　64914138(四编部)
网　址:www.zgyscbs.cn
E-mail:zgyscbs@263.net
经　销 新华书店
印　刷 北京市德美印刷厂
版　次 2012 年 2 月第 1 版　2012 年 2 月第 1 次印刷
规　格 710 毫米×1000 毫米　1/16　15 印张
字　数 200 千字
定　价 32.00 元　ISBN 978-7-80250-382-3/B·247

前言
Preface

很多在职场打拼的人都觉得自己很忙,工作很累,但却总是得不到上司的肯定。其实,老板和上司看重的不仅仅是你辛辛苦苦工作的过程,更重要的是你为公司做出的实实在在的业绩。对于每一位职场员工来说,除了做出突出的业绩,我们没有别的途径能让老板青睐自己,因为在这个以结果论英雄的时代,衡量一个员工的能力最主要的就是看业绩。我们都知道,职场其实是一个靠实力说话的地方,在这里,一切要凭业绩说话,因为出众的工作业绩更能证明你的能力,体现你的价值。当你的业绩遥遥领先于你的同事,你就会成为公司里不可替代的重要人物。

通用电气原董事长兼 CEO 杰克·韦尔奇曾有一句名言:要想获得晋升,就要交出动人的、远远超出预期的业绩。这句话一针见血地指出了最重要的职场法则之一——业绩才是硬道理。企业是员工证明自己能力的战场,而证明自己能力的唯一途径就是业绩。所以,有人把业绩比喻成"征服职场的利器、检验优劣的标准、证明能力的尺度、赢得利润的关键"。的确,在如今的市场经济条件下,无论你文凭多高,无论你多么努力,如果没有业绩,一切都将是空话。

对此,也许有人持否定态度,认为只要自己努力工作,鞠躬尽瘁,就一定能够得到老板的赏识,因为就算没有功劳也有苦劳,自己的辛苦付出,老板怎么会视而不见呢?辛勤的付出固然重要,但这并不是衡量能力的标准,也不是你的价值的体现。如果你仅仅拥有无限忠诚,但却没有业绩可言,即使尽忠一辈子也不可能得到重用,因为把重要的事交给你,老板不放心。更直白地说,再善良的老板也难以容忍一个长期没有业绩的员工。到必径取舍时,尽管你忠心依然,老板也只能舍弃忠诚但无业绩的你,留下那些业绩突出的员工。

本书旁征博引了古今中外的职场事例,让人们清楚地认识到,身在职场,只有忙得有价值,忙得有业绩,才能被同事认同、老板赏识。不仅如此,更结合现代职场特点,从心态到方法,从思想到行动,从个人到团队,面面俱到,全方位为读者解读业绩从何而来,告诉读者如何才能创造业绩。总之,这是一本可读性强、指导性强的职场励志读本,希望每一位职场人员都能从中获益,收获最大的业绩,证明自己的能力,以博得老板的信任和重用,成为永远的职场达人。

目 录

Contents

第一章 业绩：职场生存的底线

在任何一个单位，在任何一个领导的眼里，最看重的和想要你做的是什么？毫无疑问，是你创造的业绩。工作当中，业绩才是硬道理，别说你做了多少事，别说你有多辛苦，只说你做成了多少事就够了。

第二章 业绩源于敬业

一位成功大师在谈到敬业时说道："有许多非常优秀的大学生，当学业有成步入职场之后，由于对工作缺乏敬业精神，结果往往抓不住成功的机会……"的确是这样，敬业是一种催人奋进的力量，只有敬业的人，才能在工作中不懈追求，战胜艰难险阻，最终登上事业的巅峰，创造出惊人的业绩。

第三章 珍惜眼前工作,突破业绩

也许,你目前所从事的工作对于你来说,没有什么兴趣,或者你觉得没有任何挑战性。但是,依然要请你珍惜你眼前的这份工作,因为你的加薪、你的升职,都在这份工作上。上司需要从你目前所担当的工作上对你进行考核。如果你能把本职工作做的有模有样,并且让上司和同事以及你的客户都满意,那么当机会来临时,上司最先想到的就是你。

第四章 业绩藏于细节

无论是工作还是生活中,想要成就大事的人很多,但是很少有人愿意把小事做细做好,总觉得一点小瑕疵无伤大雅。但是中国也有句古话,叫做“千里之堤溃于蚁穴”,天下难事,必做于易;天下大事,必做于细。所以我们必须改变心浮气躁、浅尝辄止、只看大面的毛病,提倡注重细节、把小事做细,让再细小的环节也能毫无纰漏。

第五章 说到不如做到，业绩是干出来的

无论多么宏伟的蓝图，无论多么正确的决策，也无论多么严谨的计划，如果没有严格的高效率的实施，最终的结果都不过是纸上谈兵，都会和我们的预期相去甚远。业绩也是一样，不管你多么雄心勃勃，也不管你多么智慧超群，如果你不肯去干，一切都是零。业绩是要靠实干，才会有的。

第六章 带着思想工作，用智慧赢得业绩

带领蒙牛集团取得了惊人成绩的牛根生，经常向员工们强调这样一个理念："一两智慧胜过十吨辛苦。"成功者之所以成功，除了他们比一般人勤奋外，还比一般人更善于运用智慧！我们并不比祖先们勤劳，但我们现在的生活却比他们好上千百倍！历史证明，智慧才是最宝贵的。

第七章 我的业绩,我做主

“我的地盘,听我的”,一句朗朗上口的广告词让动感地带品牌几年之间红遍了大江南北,成为追求时尚、新鲜、刺激的年轻一族的首选移动通信品牌。如今,这样的观念已经深入职场生活中,“我的业绩,我做主”已成为职场成功人士的成功感言,他们凭借坚定的信念、饱满的激情、充足的准备以及高效率等助他们在工作中勇往直前,对业绩占有绝对的主控权,这样一来想不成功都难!

第八章 关键时刻做出业绩

常言道:“疾风知劲草,烈火炼真金。”在职场中,想要一“战”成名也不是不可能,只要你能够在关键时刻大显身手,定会让领导格外器重你。当然,为了这关键的一刻,你必须要积累深厚的资本,付出比别人多百倍,甚至千倍的努力才行。

第九章 融入团队，提升业绩

如今随着社会分工的日益精细化，任何人都不可能脱离他人而独立完成所有的工作，因此团队合作精神也日益成为一个企业重要的文化要素，对企业的兴衰成败有着不可低估的影响力。对于员工而言，要想在公司里发展得更好，努力提高自身业务素质只是其中的一个必要条件，但如果你能与团队打成一片，亲如一家人，在工作上合作得天衣无缝，这样的你才能够提升业绩，使自己在公司有长足的发展。

第十章 谁阻挡了你的业绩

当你看见和你同进公司的同事因为业绩突出而被升职、加薪时，你在羡慕的同时有没有反省一下：为什么我到现在还是一个不起眼的小职员？为什么我每个月的业绩跟别人差那么多？到底是什么阻挡了我的业绩？如果你能把挡在你前进道路上的“拦路虎”一一找出并清除，那么下一个被羡慕的对象就会是你！

第十一章 不断刷新自己的业绩

在职场上,业绩就是你实力最好的证明,为了捍卫你牢不可破的地位,避免成为下一朵拍在沙滩上的前浪,你必须要不断提升自己的价值,让自己不可替代,不断刷新自己的业绩,只有成为业绩最棒的员工,才能笑傲职场,波澜不惊!

附 录

第一章　业绩：职场生存的底线

在任何一个单位，在任何一个领导的眼里，最看重的和想要你做的是什么？毫无疑问，是你创造的业绩。工作当中，业绩才是硬道理，别说你做了多少事，别说你有多辛苦，只说你做成了多少事就够了。

1 能力比文凭更重要

对于找工作的人来说，听得最多的一句话可能就是“文凭就好比是一块敲门砖”，这话没错。在你进入一家单位之前，文凭往往被当作是一个人学历高低的象征。但事实上，现在人们已经开始崇尚业绩、崇尚能力，进而也有很多有先见之明的人士开始转变自己的人才价值观。有一家闻名全球的会计师事务所在招聘时，不看应聘者是哪个学校的，也不看你有多高的学历，他们只看应聘者的英语和计算机水平，因为这两样最能反映一个人自主学习的能力。联想集团总裁柳传志也曾经说过：“联想在择才方面的标准是‘善于总结’”。的确是这样，学历文凭只不过代表一个人的静态能力，而学习才是一个人的动态、实在可用的能力；而并不是看文凭。

巧克力之父弗斯·贝里经营的公司在登陆中国时，曾公开发出招聘信息，当时一下就收到了400多份自荐信。看到这么多求职信，弗斯·贝里非常高兴，然而当他阅读了这些信件之后，却变得很犹豫，因为在这些自荐信中，有300多人的学习成绩每科都在90分以上，有80%以上的学生曾担任过学生会干部，而老师给的评语，也是每个学生的在校表现都是尽善尽美的。弗斯·贝里不是对自荐信的真实度有怀疑，他知道中国是一个重视教育的国家，优秀的成绩对学生来说算不了什么。但他觉得仅凭这些还不能确定究竟谁有资格进入他的公司。他想，还必须测试点其他的东西，于是他出了一份问卷，请说出以下几位名人到底在说什么：

1954年4月2日，苏黎世联邦工业大学建校100周年，邀请爱因斯坦回母校演讲，爱因斯坦说：我成绩平平，按学校的标准，我算不上是个好学生，不过后来我发现，忘掉学校的东西，剩下的才是教育。

1984年10月6日，诺贝尔物理学获得者丁肇中回母校演讲时说：据我所知，在获得诺贝尔奖的90多位物理学家中，没有一位在学校时经常考第一，常考倒数第一的倒有几位。

1999年3月21日，比尔·盖茨回母校哈佛大学参加募捐会，在记者问他是否愿意继续学习、拿到哈佛的毕业证书时，盖茨向那位记者笑了一下，没有回答。

2001年5月，美国总统布什回自己的母校耶鲁大学，接受荣誉法学博士学位。有记者问到："您当年成绩一般，那么请您谈谈您对成绩有什么看法？"总统说："对于取得好成绩的毕业生，我想说的是你们做得很好；而对那些成绩较差的毕业生，我想说的是你可以去当总统。"

之后，弗斯·贝里陆续接到400多名同学的回执，他们都给出了自己的答案。2003年3月10日，乔治王巧克力公司中国分公司在北京开业，只有一位学生被通知参加开业庆典。原因是他的回答得到了弗斯·贝里的肯定，他的回答是：**学校里有高分和低分，但学校外没有，校门外总是把校门里的一切打乱重排。**

的确，在校门外，看的不是学历，而是能力。有不少人在上学时成绩优秀，取得各种各样的证书，或者是拿到了学士、硕士，甚至博士学位，但走上工作岗位后却不能学以致用，这说明什么。说明文凭和能力不是一回事，就像故事里面讲到的几个人，虽然他们都没有令人羡慕的文凭，但是他们都有超强的能力，所以他们最终取得了骄人的成绩。

有一家汽车销售公司，同时来了两个新人，一个是学行政的，叫张明，被安排在办公室，一个是学营销的，叫李磊，负责销售。但张明对行政没有兴趣，于是自己要求到销售部，和李磊一同负责销售。科班出身的李磊对张明很不屑一顾，但张明不理会这些，他经过四个月的恶补，成了半个"汽车通"。之后，他开始了自己的销售生涯。经过40天的登门拜访，张明访来了210

张名片，他又从210张名片中，挑出52个印象不错的人，再从这52人中找窍门，按照线路、距离重新进行编排。一个月30天，他每天拜访2人，给另外10个人打电话。如果锁定目标没找到，那么就近找1人。果然，坚持了两个月后，他售出了20辆车。科班出身的李磊虽然也很辛苦地工作，但两个月后，却只售出了11辆车。

很明显，文凭在这里没有发挥任何作用，而能力却使人在工作中得心应手。其实，文凭不过是对过去学习成绩的一个总结，它与之后的工作并无太大关联。最明显的一个道理就是，我们在工作中遇到麻烦时，只有能力能够帮我们渡过难关，手里攥着再高的文凭也一样于事无补。

2 业绩是检验员工的唯一标准

"为什么没有业绩？"领导可能常常会这样问你。"为什么没有业绩？"你也可能常常会这样自问。是自己太懒散了？是竞争太激烈了？是其他人不配合你？是家里的琐事干扰了你？……不要再找客观原因了，没有业绩的原因在你自己，和其他的没有太大关系。我们最终追求的是结果，任何一家单位都不可能允许你一而再再而三地做不好，也许你足够努力，但没有结果，那么再辛苦的过程也只能等于零。

有一次，张颖和几个同学去旅游，她临走前就准备了一个大旅行杯，在杯子里准备着开水，以备渴了之后喝。她把杯子放在自己的大旅行包中，一路上虽然有些沉，但是她觉得一会儿上山肯定会口渴，到时就有用了。

当他们爬到半山腰时，张颖和几个同学都觉得口渴了。于是张颖得意地说："没事，我带了一大杯子水。"说着，翻开旅行包，拿出旅行杯。但是令人遗憾的是，一大杯子的水几乎全都洒了，因为盖子没有拧紧。张颖气坏了，抱怨道："我辛辛苦苦背了一路,现在连一滴水也没剩下,就因为没拧紧盖子,真是气死我了"。

这时,一起同行的同学说了一句话:"说那些没用,总之,最后的结果是一滴水没有,我们还是解决不了口渴"。

这句话虽然听起来有点不尽人情,但却说出了一条职场规则:辛苦不会为业绩加分,疏忽也不能成为失败的理由。没做好就是没有业绩,而没有业绩是任何一个领导都不愿看到的。工作其实就像一道填空题,考试时,老师给我们出了一道算术题要我们填空,虽然我们在草稿纸上计算的时候,用的公式、方法都正确,你用了大半张纸来演算,但最后你把错误的结果写上去了,仍然不能得分。工作也是这样,没有业绩,你的得分就只能是零。

张倩、李丽和刘艳艳学历相当,而且是同一批进入这家公司的,现在张倩和李丽都有了丰厚的业绩,还有希望在明年得到进一步的提升。可是刘艳却面临被解雇的尴尬。

坐在办公桌前,刘艳艳回首这一年来自己的工作。她觉得自己从没有松懈过,也没有犯过什么错误,只是整整一年,自己都没有接到什么大单,也许这是整个行业都不景气的缘故吧。刘艳艳这样安慰自己。可是,张倩的客户资源却依然丰富,她整天都在忙着与客户见面、谈判。李丽也一样,即使在去年整个行业都不景气的前提下,她还是接到了好几笔大单。

刘艳艳对自己鼓起勇气说:"我要再努力一次。"于是,她找到了为人和善的业务主管,希望业务主管能够给她一次机会。主管正在办公室查阅文件,刘艳艳敲了敲门,主管示意她进来。刘艳艳说:"我希望您能再给我一次机会,我相信这一次我一定能做好。"主管正要说话时,电话铃突然响了起来。主管拿起听筒,刘艳艳也能隐约听见电话那头是公司总部。让刘艳艳感到伤心的是,她听到电话的另一端正在向主管下达解聘自己的命令,虽然主管竭力向对方说明刘艳艳是个不错的员工,但是对方只是沉默了一会儿，还是说道："我们也看到了她工作很努力，很用心，她的确是个不错的员工，但是很遗憾，她可能并不适合在我们公司，因为一直以来，她都没有像其他员工一样用业绩证明自己的优秀。实在没有办法，她必须离开，因为公司是要发展的，任何人都不能拖公司的后腿"。

刘艳艳没有再说什么，默默地离开了公司。

市场经济下，公司和企业要想获得好的生存和发展，就必须要创造价值，而公司和企业价值的获得就是要靠每一位员工的的业绩。一个员工无论你每天多么辛苦多么努力地工作，如果总是没有业绩，公司赚不到钱，又拿什么给你发工资呢？俗话说："是骡子是马拉出来溜溜"，多么浅显易懂的道理，这种敢于拿业绩说话的勇气正是每一位工作人员都必须坚持的，它提倡的正是一种敢于亮剑精神，是一种英雄的气魄，也是一种敢作敢为的信念！所以，当老板向你要业绩时，不要觉得他苛刻，这是市场法则，你要做的就是遵循它，用自己的能力换来可喜的业绩，用你的业绩来证明你的优秀。

3 员工不分资历，业绩却有大有小

所谓资历，是从事某项工作所具备的资格和经历，它可以在一定程度上反映一个人的能力和水平。但资历并不等于一切。过去，有人将"学历、资历、论文、外语"戏称为传统职称制度中的四大法宝，那种千军万马拥挤在一座"职称"独木桥上的情景至今仍让很多过来人记忆犹新。曾几何时，人们为了评职称，恶补外语、发表论文、考取学历，当然还有最简单的就是熬年头，等到自己成了单位里的老前辈了，就什么都有了。但是，在现代企业和事业单位中，论资排辈儿的事越来越少了，一切都不一样了，"不惟学历，不惟资历，以业绩和能力说话"已经越来越成为现代社会用人单位衡量人才的"第一法宝"。

有一次,一名记者赴日本采访。在船上,他碰到有23名人员都是来自同一家单位。经过谈话,记者得知他们这次旅游完全是单位出资,特意犒劳他们这些有功之臣的。不过,令记者感到惊奇的是,这23人中,朝气蓬勃的青春面孔竟然占了总人数的85%。

于是,记者当即决定为此对他们的老总做一个专访。凑巧的是,经过攀谈他得知老总就在船上,见面时,记者万分惊讶,原来老总看上去不过三十几岁,真是大大出乎意料。记者开门见山地说:"我看到这次出来旅游的绝大多数都是年轻人,这是为什么"?

"很简单,因为他们有业绩,为公司创造了财富。"老总平静地说。

"那么他们这么年轻能挑起公司赋予的重任吗?"

"当然行,因为他们良好的业绩已经向我们证明了一个事实,那就是:"资历虽然可以让你拥有更多的经验,但并不一定能增加你的业绩;而业绩的创造却需要绝对的能力"。

记者还了解到,这次赴东瀛樱花之国旅游的员工都是生产技术一线业绩突出,由基层推荐出来的骨干,他们当中青工占绝大多数。而且在这批度假的青工中,有许多人还拿到了数万元的奖金。

他们的老总说:"那些为企业发展做出突出贡献、辛勤工作的,为企业进步奉献聪明才智的,以及那些致力于提升企业管理水平的各层有功人员理应得到赞扬和奖励,无论他们是老员工还是实习生"!

实际上,现在越来越多的企业已经意识到业绩的重要性,也认识到资历并不等于业绩,所以,在现代企业里出现了越来越多的年轻骨干,并且成了企业的中坚力量。但是,如果恰巧你的公司仍旧存在着很强的"资历"风气,该怎么办呢?千万不要一味的抱怨或是对老资历的人不屑一顾,最重要的是增强自己的能力,做几件像样的事出来,毕竟无论什么样的公司总是要有人做事的。

小王大学毕业后就顺利地进入了一家大型国有企业,然而,刚刚进入工作岗位的小王却遇到了很多麻烦。那就是由于自己是大学生,所以工资和那些老员工是同样的。而那些自认为是元老级的人物个个都对小王充满了敌意,觉得他不过是刚毕业的学生,什么也不会做就拿这么多的工资对他们来讲太不公平了。

于是,每当有脏活累活,这些“老人”就吩咐小王去做,每次领导来检查,说做得不错的时候,这些人又都抢着说:“应该的,应该的。”好像这都没有小王什么事似的。小王觉得特别委屈,但是他转念又一想:“没什么,‘好酒不怕巷子深’,我就不信没有出头的时候。”从此之后,凡是小王碰到的活儿,他都积极去做,并从中积累经验。而他做的多了,自然被领导看见的机会也就多了,哪怕做了10件事,只被领导知道了1件事,他也毫无怨言。

有一次,车间原来的检测设备出了故障,领导十分着急,亲自督导各路人马进行检修。原来那些老员工自然也都积极参与,但始终没有人将设备修好。这时,小王利用他的理论知识,再加上这些日子他积极做事积累的经验,想到可能是设备中的某个地方出了问题。于是,他向领导请示,自己试一下。领导惊讶地望着小王说:“行吗?”小王也坚定的说:“我试试吧。”小王按照自己的想法来检测一遍,果然找到了故障点,问题自然迎刃而解了。

这时,车间领导露出惊喜的表情。此后,没多久,小王就被提拔当上了技术组的副组长,那些有不服气的老人找领导理论,说:“我们做了这么多年,还不如他一个刚毕业的学生?”领导只说了一句话,就是“他做出了成绩”。

其实，无论是谁，无论在什么样的企业，都会遇到资历问题。如果你是新人，没有关系，“是金子早晚都会发光”，资历不过是他们过去的证明，但是现在你们站在同一起跑线上，看谁的业绩更突出，谁就能胜出；如果你是有资历的人，那么请你不要捧着资历做事，无论在哪儿工作，领导要的是当下的业绩，而不是过去的成绩，所以你依然要努力做事。

4 没有功劳，苦劳也白搭

我们都知道一句老话，叫做“没有功劳也有苦劳”，意思是说一件事虽然没有做成，但这个人付出的辛苦还要给予肯定的。从道德层面讲，这句话非常在理。但是从一个企业的生存发展角度来讲，如果不讲功劳，只讲苦劳的话，恐怕就难了。首先，我们先理清对于企业来讲，什么是“功劳”，什么是“苦劳”。

所谓功劳，是针对企业的目标而定的，只有当你的所作所为有助于实现企业目标时，我们才能说这个人立下了功劳。而所谓苦劳，则是指你所付出的力量，但这与企业的目标并不相关。在著名的联想集团里有这样一个理念：“不重过程重结果，不重苦劳重功劳”。可见，在企业里最重视的是你有多少“功”，而不是你有多么“苦”。所以，要想成为一名优秀的员工，你要追求的不是“苦劳”，而应是“功劳”。

王强、张瑞和刘佳明在上中学时就是同班同学，他们又一起进入大学，之后更为巧合的是他们进入了同一家公司。

但是他们的薪水却大不相同：王强的月薪是5000元，张瑞的月薪是3500元，而刘佳明的月薪却只有1500元。

有一天，他们的中学老师来看望他们，在得知他们的薪水差距如此之大后，老师找到了他们老板，老板没有解释，只说：“这样吧，我现在叫他们三人做相同的事情，你就会明白了”。

老板把三人同时找来，然后对他们说：“现在请你们去调查一下停泊在港口边的船。需要将船上毛皮的数量、价格和品质都详细记录下来,并尽快给我答复”。

一小时后,三人都回来了。

刘佳明先做了汇报:“那个港口有一个我的老朋友,我给他打了电话,他愿意帮我们的忙,明天给我结果。所以,我准备今晚请他吃饭,您放心,明天一定给您结果”。

接着,张瑞把船上的毛皮数量、品质等详细情况给了老板。

轮到王强的时候,他先报告了毛皮数量、品质等情况,除此,他还将船上最有价值的货品详细记录了下来。接着,他说他已向老板秘书了解到老板的目的是要在了解了货物的情况后与货主谈判。于是,回程中,他又打电话向另外两家毛皮公司询问了相关货品的品质和价格等。

这时,老师恍然大悟。

功劳胜于苦劳,以功劳而非苦劳作为评价标准,是社会和职场发展的必然趋势。市场是无情的。如果没有可持续的业绩,世界上任何一家企业都有可能关门大吉,即便是微软、GE、IBM。职场是残酷的。如果不能在其位谋其政创功劳出成果,世界上任何一个人都有可能下岗,哪怕是杰克·韦尔奇、卡莉·费奥利娜、艾柯卡。这不是说职场就不需要像老黄牛那样勤勤恳恳地工作,而是勤恳必须要有结果才能得到认可,否则再辛苦也只能等于零。

1993年,举世瞩目的大企业IBM亏损惨重,正面临着即将分崩离析的局面,此时郭士纳出任了IBM的董事长兼CEO,可谓临危受命。

他一上任,就宣布要让IBM扭亏为盈,而他的第一项措施就是裁员。这次行动中,至少有35000名员工被辞退。要知道,之前IBM公司一直都奉行“不解雇政策”,这让很多IBM人都感到自豪,而公司的创始人托马斯·沃森更是把它作为IBM企业文化的主要支柱,因为这可以让每一个IBM人都觉得公司安全可靠。但是,郭士纳为什么要公然废掉这一政策呢?

在一份备忘录中,郭士纳说出了自己的理由:“在你们(被裁员工)当中,不少人为公司效忠了多年,但是到头来反而被宣布为‘冗员’,这当然都会让你们伤心愤怒。但大家都必须明白,此举势在必行。”裁员行动结束后,郭士纳对留下来的员工说:“有些人总是说,自己为公司工作了这么多年,没有功劳也有苦劳,但始终没有升职,也没有加薪。我想说的是,那些抱怨的人啊,你如果真的想要多拿薪水,想要尽快升职,那么就请你多拿出点成绩给我看看,请你为 IBM 创造出最大的效益。总之,业绩是你唯一的证明”!

这一政策果然奏效,通过一系列的治理整顿和改革,郭士纳仅用了六年的时间,就把 IBM 这个曾经的叱咤风云的偶像企业挽救于水火之中。如今,IBM 又重新走上了业绩增长、帝国复兴的康庄大道。这不能不说是郭士纳“业绩是你唯一的证明”的政策的功劳。

是的,你可能在工作中是有苦劳的,你可能在自己的岗位上干了十几年,你可能在某个项目上经常加班加点,你可能在某项工作上投入了大量精力。但是,没有结果,有苦劳又能怎么样呢?工作中,我们只需要记住这样一句话:**功劳是有效的业绩,苦劳是无效的消耗!**

5 用业绩证明你的价值

职场其实是一个靠实力说话的地方,在这里,一切要凭业绩说话,因为出众的工作业绩更能证明你的能力,体现你的价值。当你的业绩遥遥领先于你的同事,你很可能就会成为公司里不可替代的重要人物。有人认为,只要自己努力工作,默默耕耘,鞠躬尽瘁,就一定能够得到老板的赏识,辛勤的付出固然重要,但这并不是衡量能力的标准,也并不能体现出你的价值。如果你仅仅拥有无限忠诚却始终没有业绩可言，即使尽忠一辈子也不会有什么起色，你也不可能得到老板的重用，因为如果把重要而难办的事交给你，他不放心。更直白地说，再善良的老板也难以容忍一个长期没有业绩的员工。到那时，尽管你忠心依然，老板也只能舍弃忠诚而无业绩的你，去留下那些业绩突出的员工。

在一家大公司，老板有两个女助手，一个是王红，一个是李丽。她们的工作就是替老板拆阅分拣信件，两个女孩子对公司都十分忠心，工作也都十分卖力，但是两个人最后的结局却大不相同。王红三个月试用期过后就被解雇了，而李丽不仅留了下来，还获得了加薪和升职。怎么回事呢？

原来王红在工作中虽然一直忠心耿耿，但是工作效率却很差，每天自己忙得晕头转向，工作一天下来，却常常连自己分内的事情都做不完。而李丽则完全不同，她头脑灵活，工作效率很高，老板交给她的工作都会很快完成，有时自己的事情做完了还常常做些分外的事，比如替老板给读者回信，或是帮助王红干点。

虽然这样做自己的工作量就增多了，但是李丽从来没有在意过，她总是觉得凡是公司的事就应该做，而且一定要做好。终于有一天，老板的秘书由于身体原因辞职，李丽就被老板调去做了秘书。

这还不算。由于李丽业绩优秀，引起了不少同行的关注，有好几家公司都纷纷向李丽伸出橄榄枝，给她更好的职位和待遇请她加盟。为了让她留在公司，老板不仅多次给她升职，还把她的薪水增加了很多，与当初做助手时相比，现在她的薪水已经足足长了5倍。但是老板丝毫不觉得亏，因为李丽出色的业绩比提高5倍薪水更有价值。

仅仅会埋头苦干而不闻绩效的“老黄牛时代”已经过去了，企业更需要老黄牛们能带来业绩，带来效益。每一个老板其实都希望自己的员工能够创造出丰硕的业绩,所以,有人说一个成功老板的背后,一定有一群能力卓越、业绩突出的员工。如果没有这些创造业绩的员工,企业将无法生存下去。所以,人在职场,一定要做出业绩来,要用业绩来证明自己的价值。有人也许认为自己从企业创立之初就辛辛苦苦、忠心耿耿地跟随着老板,觉得自己是公司的元老,但如果老板总是看不到你的成绩和贡献,也一定会对你不客气。

在我国古代有这样一个故事。据说当年有一家大户人家,家里有几十名佣人。有一名在厨房打扫卫生的老仆人已经在他家效力20年了。有一次,这位老仆人看到比她来的晚的人都已经在她的位置之上,或是做了管家,或是成了贴身的丫鬟,她觉得自己也应该离开这个烟熏火燎的厨房,去干点大事。于是,她找到主人说:“老爷,我觉得我应该升到更为重要的位置,您知道我跟随您已经20年了,所以家里的大事小情我都知道,我也一定能处理好”。

这家主人是一个非常懂得用人的人,他对家里的佣人有着高明的判断力,虽然这位老仆人跟随他多年,但是他知道她没有能力担任更高的职位了。于是,老主人指着拴在一旁的驴子说:“请你好好看看这些驴吧,它们就算再拉20年的磨,也仍然只能干拉磨的活”。

工作也是一样,在职场上,你的价值最直接的体现方式就是你的业绩。如果你没有做出像样的成绩来,就算是再辛苦,老板也不会因为承认你的苦劳而给你升职加薪。有些人就像上面提到的这位老仆人,他们常说:“我在这个岗位工作七八年了,现在做什么都能做得很好,凭什么不给我加薪呢”?但有时候,有些人10年经验的积累不过是一年经验的10次重复罢了,年复一年的重复同样的工作,当然会得心应手,但重要的是换了另外的工作你能否做好。老板作为公司的直接负责人和受益人,绝对不会有意埋没人才。所以,要想成为公司最杰出的员工,要想得到老板的赏识,就一定要靠业绩说话。为此,你不仅要把本职工作做好,使你的业绩有所提高，还要不断学习新的知识，怀着一颗不断进取的心，才能在工作上取得更大的成就。

6 用一流的业绩赢得老板的心

在职场上，我们不难看到两种人：一种是工作表现努力，对老板毕恭毕敬，但最终却没有得到加薪升职，有的甚至还被炒了鱿鱼；另一种是，从来不对老板低声下气，工作也不见得多努力，但老板却一再满足他的要求，不是升职就是加薪，老板从不拒绝。这是怎么回事呢？其实，很简单，源于一流的业绩。如果你能够为老板创造一流的业绩，那么毫无疑问，老板是无论如何也舍不得让你走的，他会想尽办法让你留下来为他继续创造业绩。但如果你总是没有拿得出手的业绩，这就相当于老板拿钱往水里扔，那他当然不愿意，更别说给你加薪升职了。

实际上，几乎每一个公司都会有那么几个炙手可热的"红人"，他们似乎有某种魔法，总能赢得老板的心，让老板对他们厚爱有加。但这些人都有一个共同的特点：他们一定是老板的得力干将，并能为公司持久创造效益。天下没有白给的薪水，每一位老板都希望自己的每一分钱都能产生效益。

李嘉诚是家喻户晓的华人富豪，然而无论是在媒体的镜头中，还是在集团的内部会议中，他总是会与一位头发花白的中年人比邻而坐，两人或是窃窃私语，或是谈笑风生。然而李嘉诚集团的很多重大决策，却常常就是这样诞生的。

那位中年人不是别人，正是李嘉诚的得力干将，和记黄埔的总经理霍建宁。而霍建宁的薪酬更是令人咂舌，按照香港一年约 240 个工作日计算，霍建宁平均每个工作日的工资就是 62 万港元，用"日进斗金"来形容毫不过分。他曾连续六年蝉联香港"打工皇帝"的冠军，就连李嘉诚的长子——号称"小超人"的李泽钜也难望其项背。那么，霍建宁在李嘉诚眼里为什么就那么“红”？李嘉诚为什么每年都要给他以天文数字的年薪？究竟是什么赢得了这位巨人的心？唯一的答案就是业绩！霍建宁为李嘉诚的企业创造了巨大的经济效益，对李嘉诚来说，他具有不可替代的价值。

1979年，霍建宁正式加入长江实业，凭着卓越的才干，踏实的作风，深得李嘉诚的信赖和栽培，于是一路晋升，到1993年时终于登上了和记黄埔总经理之位。和记黄埔是一家大型跨国企业，但当时却在走下坡路，有人形容当时的和记黄埔就像一块烫手的山芋。但是霍建宁毅然地接了过来。接手后，他通过不断重组，很快就将业务扭亏为盈。其后，霍建宁又借助赫斯基石油的良好表现，在加拿大借壳上市，为李嘉诚集团盈利达65亿港元。此外，亏损多年的欧洲电讯业务在他接手后，也再次扭亏为盈，为集团赢利超过1600亿港元，创造了全球商业界的神话。

多年来，霍建宁为“和黄”东征西讨，不断创造辉煌。李嘉诚也曾多次表示，自己的“长和系”（长江实业与和记黄埔）之所以能够不断发展壮大，霍建宁功不可没。这是什么？这就是业绩，就是霍建宁能够赢得李嘉诚的心的最本质的东西。

像霍建宁这样有着突出业绩，能够为老板创造巨大经济效益的员工，才是老板眼里真正的“红人”，才能获得优厚的回报。我们再看看另一个“打工皇帝”唐骏的事迹吧。

唐骏最初进入微软时，只不过是一个普通的程序员，年薪只有几万美元。当时，微软正在全球范围内推广Windows操作系统。为了克服各国语言间的巨大差异，微软特地组建了一支300多人的开发团队。他们的做法是：先开发出英文版，再在英文版的基础上开发其他语言的版本。但这并不是简单的将英文翻译成其他语言那么简单，几十个人需要努力大半年，才能做出来一个像样的其他版本。

尽管唐骏刚刚进入微软公司几个月，但他很快就感觉到这种方法效率低下，很容易贻误商机，而且常年雇那么多人做新版本，成本也太高。于是，白天唐骏和那300多人一样埋头苦干，但业余时间他却在家里动起了脑筋，重新设计软件架构。半年后，他编写出了几万行的代码，经过反复运行，检验成功后，拿到了老板面前。3个月后，微软总部接纳了唐骏的方案，300多人的开发团队也一下缩减至50人。就这样，立了大功的唐骏在进入微软一年之后，就被快速提升为"开发经理"，带领一个团队，对微软的操作系统进行全方位的改进。

2002年3月，进入微软仅8年的唐骏，凭着自己的辉煌业绩，担任了微软中国区的总裁，成为了名副其实的"打工皇帝"。

业绩，还是业绩，只要有了良好的业绩，不怕赢不来老板的心。所以，当你觉得自己不被老板重用时，可以问问自己："我直接或间接地为企业创造出可观的经济效益了吗？"如果你的答案是肯定的，那么恭喜你，因为你绝对赢得了老板的心。如果你给出了否定的答案或无法给出答案，那么就请继续努力吧！

第二章　业绩源于敬业

一位成功大师在谈到敬业时说道："有许多非常优秀的大学生，当学业有成步入职场之后，由于对工作缺乏敬业精神，结果往往抓不住成功的机会……"的确是这样，敬业是一种催人奋进的力量，只有敬业的人，才能在工作中不懈追求，战胜艰难险阻，最终登上事业的巅峰，创造出惊人的业绩。

1 敬业让你出类拔萃

通俗来讲，敬业就是敬重自己的工作，把工作当做自己的事业来发展，使其渗透到自己的生活中，从内心深处去热爱它。

敬业是一种基本的职业道德素质，有人曾说过："一个人即使没有一流的能力，但只要你拥有敬业的精神同样会获得人们的尊重，即使你的能力无人能比，却没有基本的职业道德，一定会遭到社会的遗弃。"然而在现实生活中，敬业的员工越来越少，很多人错误的认为，敬业就是被老板利用，被老板忽悠，为其赚取更多的剩余价值。表面上来看，敬业确实是有利于老板个人，但就长远来说，敬业是个人成功必不可少的品质。

敬业不是被老板利用和忽悠，它是一种工作的习惯，是一种催人奋进的力量。每个人只有真正领悟到敬业的真实含义，才能不懈的追求、战胜一切艰难险阻，从而成就自己的事业。

阿基勃特刚进入美国标准石油公司时，只是一个最为普通不过的小职员，甚至很多人都没有注意过它的存在。然而，阿基勃特却并没有因为自己只是一名小职员而气馁，反而更加注重公司的名誉，时刻牢记自己是公司的一分子。他不仅忠于职守，勤勤恳恳的做好自己应该做的事情，还尽自己所能，为公司打广告做推销。

不论他走到哪里，不论是办公事还是办私事，只要需要他签名的时候，他都会在下面注上一行字"每桶四美元的标准石油"，哪怕是给亲友写信、打欠条时，他都不会忘记写上这一行字。时间久了，很多人都称他为"每桶四美元先生"。后来，这件事被公司董事长洛克菲勒知道了，他邀请阿基勃特共进晚餐，号召公司职员向他学习。之后，阿基勃特一如既往的对待工作中的每一件事，而他的才华也在工作中逐渐的崭露头角，直到洛克菲勒退休后，他成为了标准石油公司第二任董事长。

阿基勃特之所以会成功，其根本原因就在于他的敬业精神上，他不仅尽职尽责，努力完成自己应尽的义务，还时刻牢记自己是公司的一员，将工作作为自己的事业来发展。

敬业不仅是一种最基本的职业道德，还是最基本的做人之道，同样也是做出业绩的基石，是成功的必要条件。尤其是在人才济济的今天，竞争异常激烈。如果一个人没有敬业精神，业绩就无法保障，一旦遇到人员的变动，势必就会在竞争中处于劣势，甚至丢掉自己的工作。

敬业是成功的基石，哪怕你没有别人的资历深，没有别人的学历高，只要你拥有一份敬业的态度，你就能在竞争中崭露头角。

李磊，毕业于一个普通的大学，他学习成绩优异，能力很强，在学校深受老师的好评。他毕业之后，进入一家研究所工作。在这家研究所里，大部分人都是研究生，甚至博士，而李磊却只是一个普通的本科生。为此，李磊心理压力特别大，总怕自己做不好。于是李磊每天一上班就一头扎进工作中，而且还经常主动加班。经过一段时间的努力，李磊的能力逐渐提升，并做出了许多惊人的业绩，深受领导的器重，很快成了研究所里的“顶梁柱”。

而那些所谓的研究生、博士生，尽管拥有超高的能力、资历，但是他们根本不把工作当成一回事，对待自己的工作根本没有任何负责精神，经常是差不多就好，他们不是在工作中敷衍，就是在上班时间内做自己的事。

正如一位成功人士所言“有许多优秀的人才，当其步入职场之后，由于缺乏敬业精神，结果往往抓不住那些原本很容易得到的机会，从而无法创造业绩，无法证明自己的能力”。因此，敬业不仅是一种力量，还是你创造业绩的重要源泉，只要拥有敬业的心态，就会对企业多一份责任心，就能在工作中踏踏实实、任劳任怨、埋头苦干，就能不断的超越自我，创造出惊人的业绩，从而实现人生的精彩。

敬业是现代人应该具备的最基本道德素质，是我们每一个人的使命。然而在现实生活中，很多人错误的认为，只有在重大的行业，才需要敬业精神。其实则不然，即便是在平凡的岗位上，我们都应该全力以赴，兢兢业业，用自己的智慧创造出不平凡的业绩。比如我们常见的建筑行业，敬业更是一种精神支柱，如果没有建设者的敬业精神，何来一座座拔地而起的高楼大厦？

敬业，不仅是一种工作态度，更是一个人事业成功的基石、创造出业绩的动力源泉，如果没有敬业精神，就永远没有傲人的业绩。那么我们怎么样才能培养出敬业精神，让敬业精神成为一种习惯呢？首先要立足现实工作，踏踏实实的做好本职工作。其次还要自觉学习强化能力，不断的提高业务能力、政治道德素质、文化素养等，适应不断发展的工作需要。最后还要在此基础上谋求发展，尽自己最大的努力，做出一流的业绩。

因此，只有我们真正领悟到敬业的真谛，在工作中能够一丝不苟，把工作作为自己的事业来对待，使敬业成为一种习惯，就一定能够做出不凡的业绩，使你成为行业中的佼佼者。

2 脚踏实地，走得更远

当我们面对一项工作或者任务时，往往会出现两种情况：第一，能不能干；第二，愿不愿干。通常，能不能干或许你决定不了，但愿不愿干却是你首先要作出的选择。海尔集团总裁张瑞敏曾说："想干与不想干，是有没有责任感的问题；而会干与不会干，则是才的问题。"其实，很多老板或领导都有一个普遍的想法，认为不会干没关系，只要想干，就可以通过学习、研究，最终达到会干甚至干好；但是如果一个人明明会干，但却不想干，那么这个工作他无论如何是做不好的。

1993 年，陈天桥以优异的成绩提前毕业于上海复旦大学，并被分配到陆家嘴集团公司。陈天桥和大多数刚走出校门的毕业生一样，满怀希望想在新单位大显身手，甚至想象着能够开创一番事业。然而让他大跌眼镜的是，他这个高材生竟然被安排在一个小房间里放映有关集团情况的录像片，而且一放就是十个月。

在这期间，陈天桥根本无法在简单的放映工作中施展自己的才华，更别说实现自己的远大理想了。此时的他第一次体验到了理想与现实之间的距离。当时，陈天桥从复旦大学毕业，不仅是跳级生，还是全市优秀学生干部，但是现在却干这种枯燥乏味没有技术含量的工作。在这种情况下，也许会有人马上走人，去找一份能够让自己大展拳脚的工作。

然而，陈天桥的过人之处在于，他不仅没有辞去这份工作，反而意识到这种寂寞恰恰是磨炼意志的最好机会。于是，在这段时间里，他不但踏踏实实地完成了所有手头的工作，还潜心研读了大量的管理书籍。正是这种寂寞的锤炼让他克服了年轻人常有的好高骛远、不脚踏实地的缺陷。

又过了十个月，机会终于来了，当时陆家嘴集团下属的一家企业有一个干部挂职锻炼的机会，集团选定陈天桥担任那家企业的副总经理，原因就是看到了他的踏实。

在这家企业里，陈天桥在放映期间所潜心研读的管理理论派上了很大的用场，他推行了一系列改革措施，不断总结管理经验，并逐渐形成自己独特的战术和管理风格。这为他后来创建并管理盛大公司奠定了坚实的基础。

其实，不管你觉得自己是多么的不平凡，不管你有怎样的抱负，都应该认识到，首先是要社会接受你，而不是让社会来适应你。我们可以想一下，在当时那样一个背景、那样一个年纪，能够耐得住十个月的寂寞，躲在一个小房间里放录像，这对一个人会有多么大的影响。大多数年轻人都觉得自己很了不起，觉得自己不是一般人，要怎样怎样，想干这个，想干那个，但不管干什么，首先要踏踏实实做好你手头的工作，不管这份工作有多么简单，多么没趣儿。因为，陈天桥的故事我们可以充分证明这样一句格言——平凡之中孕育着伟大的种子。小至个人，大到公司、企业，我们可以肯定地说，他们的成功正是来源于踏踏实实做好平凡的工作，并从中积累经验和智慧。有智慧的员工就是那种在“能干”的基础上，使自己成为“愿干”的德才兼备的人。因为如果你脚踏实地地工作一段时间，你就会发现，当你认真了解每一件事，认真对待每一项工作时，自己的人生之路会越来越宽广，成功的机会也会接踵而至。

著名企业家杰克·韦尔奇曾提出过一个“框架理论”，来评价员工。他以数轴的方式来划分员工，横坐标是职业道德，纵坐标是工作能力，把员工分成四种，即人才、庸才、歪才和冗才，而对他们的解释则分别是，有才有德、有德无才、有才无德和无才无德。他并没有对其他三类给予什么评价，但却唯独对没品德有能力的所谓“歪才”特别提出了警告。他强烈主张：“有能力胜任工作，却消极怠工而不称职，这样的人，我发现一个就开除一个，绝不留情”。

不光韦尔奇有这样的想法，很多老板都是这样。试想，哪一个老板会喜欢那种有能力却不愿好好干的员工呢？职场中的确存在一些“会干但不想干”的人，对他们而言，每天的工作也许是一种苦役、一种负担，不能脚踏实地地把工作做好，反倒觉得自己有些大材小用。实际上，工作中最忌讳的就是那种大事干不了、小事不愿干的心理。从小事做起，逐渐增长才干，赢得认可、赢得干大事的机会，这样才能在日后干成大事。那些一心只想做大事的人，若不改变“简单工作不值得做”的浮躁心态，是永远不能成就一番事业的。

服装设计大师皮尔·卡丹曾经说过：“越是不引人注目的地方越是要注意，这才是懂得装扮的人。因为只有美丽而贴身的内衣，才能将外表的华丽更好地表现出来。”这句话乍听起来似乎与此无关，但用心想来，把它用在工作上同样正确：越是平凡的工作越要好好地去做，这才是成功的关键。

所以，作为员工，首先要把自己手里的工作做到天衣无缝，毫无纰漏，并能将每一件平凡琐碎的事情都看得同样重要。只有这样,脚踏实地,一步一个脚印地走下去,才能够让你的职业之路越走越宽。

3 尽职尽责,业绩自然一路领先

阿尔伯特·哈伯德在《把信送给加西亚》一书中说:“年轻人所需要的不只是学习书本上的知识,也不只是聆听他人的种种指导,而是更需要一种敬业精神,对上级的托付,立即采取行动,全心全意去完成任务。”这句话说的非常好,有时候在事业上一无所成,并不是因为不够聪明,也不是因为不够幸运,只是因为没有全心全意、尽职尽责地去做。上司交给你一件事,敷衍了事地去做和认认真真地去做,其结果一定是不一样的。

1898年,美国打算向古巴的西班牙殖民者开战,他们必须立即跟古巴的起义军首领加西亚将军取得联系。但是,加西亚将军在古巴丛林里——没有人知道确切的地点,所以无法写信或打电话给他。但如果不能尽快地获得他的合作,这场战争很可能胜负难料,怎么办呢?有人对总统说:“有一个名叫罗文的人,有办法找到加西亚,也只有他才能找到。”

当时的美国总统麦金莱立刻找来了这位年轻的中尉——安德鲁·萨莫斯·罗文,命令他把信送给加西亚将军。罗文中尉接过信后没有问任何问题,就踏上了的征途,目的地是西班牙人占领下的、处于完全未知状态的古巴,而他要找的加西亚将军他根本就没有见过,也不知道他究竟在哪里。尽管这样,加西亚还是怀揣着这封重要的信件开始了他的寻找之旅。他途经牙买加,冒着生命危险,辗转在西班牙军舰出没的大海上和古巴丛林里。有一次,在海上还险些被西班牙军舰俘获,在丛林里又差点被西班牙逃兵杀死,但他凭着自己的责任心,靠着坚定的信念,最终达到了目的地,将信亲手交给了加西亚将军。

而罗文中尉也因加西亚将军和美国总统的赞誉和公开嘉奖以及纽约出版人哈伯德的《致加西亚的信》一书而风靡世界，成为人们心目中忠诚、敬业、服从、勤奋、勇敢、主动和自我牺牲精神的代名词。

当这个故事传播到中国时，同样也风靡一时，各个企业都在争相购买这本书，企图让每一位员工都能像罗文一样尽职尽责地做好自己的工作。中国没有罗文，但是有雷锋，他的螺丝钉精神一样闪闪发光。什么是“螺丝钉”精神？“螺丝钉”精神就是立足本职、忠于职守、尽职尽责“拧在哪里就在哪里闪闪发光”的敬业精神。所以，雷锋与罗文是相通的，他们从不同的角度、以不同的方式诠释着“立足本职、忠于职守、尽职尽责”敬业精神的内涵。

王志现在是一家建筑工程公司的执行副总。

但是几年前他是作为一名送水工被一支建筑队招聘进来的。王志和其他的送水工不一样，他每次送水来都会给每一个工人的水壶倒满水，并在工人休息时缠着他们讲解关于建筑的各项工作，而不是像其他的送水工那样把水桶搬进来后就蹲在墙角抽烟或是抱怨工资太少。

不久，这个勤奋好学的小伙子就引起了建筑队长的注意，并让他当上了计时员。王志在计时员的岗位上依然勤勤恳恳、尽职尽责地工作。每天早晨，他总是第一个来，到了晚上又是最后一个离开。由于他的勤奋，使他掌握了很多建筑知识，比如打地基、垒砖、刷泥浆都非常熟悉，所以，工人们总喜欢向他咨询。

有一次，在施工中没有足够的红灯来照明，王志就把自己身上的红色T恤撕开包在日光灯上。他的这一动作恰好被老板看见，于是老板当即让这个肯干又能干的年轻人做自己的助理。后来，王志成了公司的副总，但他从不说闲话，也从不参加到任何纷争中去，总是认认真真地把事情做好，所以老板也从来没有看轻过这位穷小子。

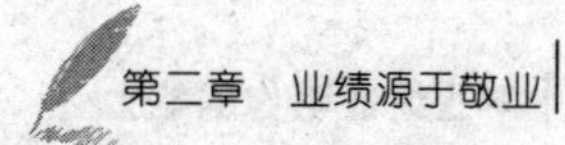

相信每个人的心中都会有英雄主义的情节，都渴望自己能够有一个传奇人生。如果是我们面对与罗文中尉同样的选择，也一定会有很多人在崇高的使命感的驱使下义无返顾地踏上征程。但现实的工作没有那么多的惊险和刺激，更多的时候，我们需要像雷锋那样在平凡的岗位上做好平凡的工作。其实，也正是这些平凡的事情，才是对忠诚、敬业、立足本职、忠于职守的职业精神的真正考验。雷锋在平凡中创造了辉煌，因为他经受住了这种考验并且表现出色，他成功了。所以，也许正是那些简单、琐碎、让你提不起兴趣的工作，却往往蕴藏着巨大的机会。在做一件事情时，如果你总能对自己说："我愿意做这份工作，而且我会竭尽所能、尽自己的全力、用心来做"，你就一定会成功。

4 在付出的汗水中找寻业绩

所谓"天道酬勤"，无论做什么事情不付出辛勤的汗水都很难取得成功。所以，与其说勤奋是一种精神，倒不如说勤奋是一个人成功的基础。我们看到在商业领域中，有不少名人从松下幸之助、比尔·盖茨、乔·吉拉德到其他成功的人士，他们的无限风光，他们的成功固然离不开天时地利，离不开种种机遇，但不可否认的是，他们成功的背后所付出汗水也是其他人的百倍、千倍。

世界著名的汽车销售大王乔·吉拉德曾是一名非常普通的推销员，但是后来他却连续 12 年荣登吉斯尼纪录大全世界销售第一的宝座。在这 12 年里，他所保持的世界汽车销售纪录是平均每天销售 6 辆车，这个记录至今都没人能够超越。

他的成功难道是注定的还是有什么秘诀吗？当然不是。乔·吉拉德最初进入这个行业的时候也不过是个毛头小子，甚至还曾连续一个月没有售出一辆汽车，为此差点被辞退。之后，他开始总结自己的销售过程，他感到没有业绩的主要原因其实是自己的努力还不够。于是，他把自己的勤奋做到了极限。

他把所有客户的档案都建立系统储存，每个月要发出1.6万张自己的名片，重要的是，无论这个人是否买他的车，只要曾经和他有过接触，乔·吉拉德都会让这个未来的客户群记住他的名字。就这样，他的销售业绩开始上升，并最终取得了不凡的业绩。

当有人问他有没有什么销售诀窍时，乔·吉拉德一再强调“没有秘密”，但通过他的销售过程，我们不难看，除了在销售过程中保持充分的自信外，乔·吉拉德的成功里勤奋不也是最多的吗？“一勤天下无难事”，像乔·吉拉德这样成功的营销大师正是因为在平常的工作中付出了更多的汗水，才取得了更大的成绩。

我国唐朝著名的书法家颜真卿在《劝学》中讲到：“三更灯火五更鸡，正是男儿读书时。黑发不知勤学早，白首方悔读书迟。”说的就是一个勤奋。现在的父母也常常引用这两句诗教育自己的孩子要趁年轻的时候好好读书，不要等到自己年老了才知道后悔。辛勤的汗水永远都是成功路上不可缺少的那一部分，其实，勤奋就是一种积累，积累得多了自然会从量变到质变，这种勤奋的学习态度，当然也迟早会给你带来优良业绩。

国内有一家著名的企业为了拓展业务招聘了一批员工，最终有两个人一同进入了市场部，一个是名牌大学毕业的小杨，一个是靠自己打工读完中专的小高。试用期间，拥有名牌大学文凭和良好表达力的小杨被安排到了市场部担任市场策划员，而拥有一定实战经验的小高则被安排作为小杨的助理。

小高虽然刚来，但是很受重视，市场部经理曾对小高说，他们现在的企业就是需要像他这样思维先进、头脑灵活又懂得先进营销理念和营销方式的人才，希望他能够勤奋努力用自己的所学为企业注入新的活力，带来新的思想。

但是，让人意想不到的是，小杨在试用期间的表现却让领导感到非常的失望。从表面上看，小杨表现的很“积极”、很“活跃”，每次参加会议或是讨论，他都能头头是道、滔滔不绝地演讲一番；当一些老员工进行市场策划的时候，他也总能够提出一些不同的意见。然而，可惜的是，在他自己的工作中，却没有拿出什么东西来，一个月的试用期过去了，他却连一份完整的方案都没有拿出来，而他那些夸夸其谈的建议和意见也不过是纸上谈兵罢了。因此，在试用期结束后，小杨以“不及格”被淘汰。而小高却被留了下来，企业在安排他接受一段时期的营销专家培训后，成为了公司的一名正式的市场策划人员。

在为小杨做助理的这一段时间，小高一边认真地向老员工学习，一边兢兢业业地到市场上进行相关项目的调查。小杨每接受一份市场调查任务，小高都会在最短的时间内为他找到最丰富的调查资料，并主动根据市场上的反映把自己的想法做成一份比较完整的方案，可惜的是小杨只顾着如何吸引领导的注意力，所以他自始至终都没有真正地把精力投入到工作上。

与此相反，小高的辛勤工作却得到了企业其他同事和领导的认可，他们都亲眼目睹了小高的努力。小高不但认真把自己的事情做好，还经常在做完自己的事情后，主动询问其他同事需要哪些资料，然后把自己准备好的资料送到同事手中。正是因为小高的勤奋，所以公司才决定让小高留下。

辛勤努力确实比夸夸其谈更为辛苦，但实现伟大理想的道路从来就不是一条充满安逸的道路，如果没有最初职业发展道路上的滴滴汗水，又哪有日后事业成功时的“指点江山”。有人说，付出辛勤汗水的人有很多，但是他们却不见得都能取得成功，那些常年孜孜不倦辛勤工作的人不计其数，但却只有极少数人能够出人头地，而大多数人都只能在默默无闻中度过一生。既然这样为什么还要努力不懈，为什么不轻轻松松享受人生呢？然而事实是，辛苦努力不一定能够成功，但成功却一定要辛苦努力。

5 勿用借口将业绩拒之门外

当同事要你帮忙时,你借口说:“对不起,我没时间……”

当老板给你任务时,你借口说:“我不行,我没有经验……”

当工作出现困难时,你借口说:“这不行,我没有人手……”

“借口”无处不在,尽管不受欢迎,但是工作中“找借口”的现象,依然是中国职场实现职业化的最大障碍之一,“找借口”,不仅是一个人逃避责任的表现,对于一个在职场打拼的人来说,更是工作业绩大打折扣的关键。而“没有任何借口”则是职业化最基本,也是最重要的素养。说它最基本,是因为这是每个人都需要具备的;说它最重要,是因为每个人只有把这一点把握好,才能拥有最好的工作状态,才能做出最优秀的业绩。

美国某大集团常务副总裁马先生在去美国前学的经济学,然而当他满怀豪情与梦想踏上纽约的土地时,却被残酷的现实泼了一盆冷水。要找个像样的工作太难了,为了生存他不得不暂时找了一份仓库保管员的工作。马先生回忆说,那段时间简直是暗无天日,一是因为仓库在地下室,根本见不到阳光,二是地下室很少有人来,和他一起看仓库的是一位老头,沉默寡言,两人几乎从来不说话。当时,他觉得这样的工作毫无意义,他经常问自己:“难道我一个堂堂经济学学士,就这么守仓库吗?”越是问,越是觉得委屈,于是,守仓库也有些心不在焉,那时的他还常常给自己找借口,认为他这样一个有学历的人当然没有必要对这么简单枯燥的工作过于用心。

但是现实是残酷的,你不愿意也要干,既然这样为什么不干好呢?一次次反思之后,马先生终于想明白了:

“谁说经济学学士就不能守仓库了?就算是守仓库我也要守出经济学学士的水平来。”

有了这样的想法，他一改往日的无精打采，每天都高高兴兴地上班去，每天都用心记录产品进货、出货情况，并据此分析公司哪些经营战略需要调整，他还利用自己的经济学知识，把这些建议写成报告交给上面。但是，他的上司却说："守好你的仓库就好了，其他的不用你操心。"

但他不气馁，也没有将上司的轻视作为自己懈怠的借口，他对自己说："只要对公司有帮助，我就要研究。"

真是"是金子在哪儿都发光"。终于有一天，集团的一位高管来考察，无意中看到了他的报告，觉得十分惊讶，便立即把他叫来。通过交谈，这位高管发现马先生不仅有能力，更难得的是他不找任何借口的主动性。于是一周后，马先生被调到集团的战略发展部。他的命运从此改变，之后他凭着自己的能力和勤奋，一步步走到集团常务副总裁的位置，掌握着上百亿美元的资金运营。

我们大部分的时间都是在工作中度过的，正是通过工作，我们才能创造出最大的人生价值。一个真正期望人生有价值的人，是绝对不会在工作中找任何借口的。因为你在工作中"打折扣"，就是让你的人生"打折扣"；你让工作"贬值"，就是让你的人生"贬值"。美国有一个著名的军校，叫西点军校，在这所军校里，200 年来一直坚持的最重要的一条行为准则就是"没有任何借口"。虽然听起来没什么大不了，但正是有了这一准则，西点军校才培养出了一批又一批军界、政界及企业界的大人物。这些人无论在执行什么任务时，从不讲价钱，不找借口，即便是合理的借口，他们都不会提。

借口，是弱者的托词，有了它，能做的事也可以不能做，能做好的事也可以做不好。如果总是这样，那么最后的结果就是，什么事也做不好，而且自己还觉得理所应当。因为你总是有借口，比如老板给了你任务没法完成，你就说："这么短的时间，根本不够。"一件事情你没有做好，你又说："其他的部门根本就不配合。"其实，这都是借口，是弱者的托词。真正的强者是绝对不会讲太多理由的。

我国著名的“杂交水稻之父”袁隆平，曾一直努力地研究杂交水稻，而且还已经小有成就，但是文化大革命期间他却受到了牵连，他所有试验的坛坛钵钵都被弄得稀巴烂，所有的东西都被毁掉了，他的心血几乎都白费了。这时，袁隆平大可以放弃，大可以说：“工具都没有了，绝对研究不下去了。”但是他没有，他没有找任何借口放弃自己的事业，而是重整旗鼓，继续努力，坚持不懈，最终取得了成功。

借口，不仅是逃避责任的表现，更是工作中影响业绩的绊脚石。若你做事总是拖泥带水，找各种各样的理由，这也不行，那也不行，那么最后你只能一事无成。

6 做事抢先一步，业绩高人一筹

事实上，在很多时候，创造业绩的机会就摆在你的面前，只不过你需要先人一步将他占领，当然“抢先一步”不是简单的“笨鸟先飞”，而是需要你有独特的发现问题的眼光。如果你比别人早走一步，也许你的业绩就会是别人的数倍，但如果你比别人晚走了一步，那么你的业绩就可能是零。

在我国内蒙古地区有两家肉食加工厂，大草原肉食加工厂和伊泰肉食加工厂。他们从一开始就展开了竞争，通过价格战来不断地拉拢自己的顾客，但无论如何，这两家公司都未能将自己的对手打倒，所以，依旧竞争着。

某年初春的一天，大草原肉食加工厂的老板腾格尔正坐在自己的办公室里翻阅报纸，了解当天的新闻。突然，一则几十个字的短讯引起了他的高度关注：国内某地家畜发现了类似瘟疫的病例。他马上想到，如果真的发生了这种瘟疫，那么这种瘟疫一定会慢慢蔓延过来。而这到时候，他们加工厂的肉类供应肯定会变得紧张，肉价也一定会猛涨。

于是，腾格尔立即派他的手下赶到当地探听情况。几天后，他的手下给他给他回话，证实的确有瘟疫发生，而且非常厉害。腾格尔接到回话后，立即筹集全部资金，购买附近的牛肉和生猪，并及时运到自己的养殖基地，储存起来备售。

腾格尔的猜想果然得到了证实，国内肉类奇缺。腾格尔趁机将先前购进的牛肉和猪肉抛出。在短短几个月里，他净赚了十几万元。而与他竞争的伊泰肉食加工厂却没能像腾格一样掌握先机，暴涨的肉价使伊泰肉食加工厂一下子陷入了窘境，并最终倒闭了。

其实，在我们职场中处处都是竞争，早一步和晚一步，往往会出现截然不同的结果。当今世界，机遇是随处可见的，但同时，机遇也常常如昙花一现，转瞬即逝。而面对机遇，只有果断决策，勇敢地快速去行动，抢先一步走，才有可能取得成功；如果遇事总是犹豫不决，思前想后，等下定决心的时候别人早就开始了，那么等待你的就只能是羡慕别人的成功了。所以，工作中一定要让自己养成果断的习惯，抢先一步抓住机会，成功离你就会越来越近。

王芳和李琳都是富饶保健品公司的推销员，她们一起租住在一个小屋，是非常要好的朋友。但是，最近王芳的业绩明显超出了李琳，老板也多次对王芳给予物质和精神上的奖励，这让李琳有些不平衡，也有些纳闷儿，为什么王芳的业绩会超出自己这么多呢？

一次，王芳和李琳一起去看望一位朋友，在朋友所住的小区里，王芳注意到有很多老年人，她敏锐地感到了市场的商机。于是，她对李琳说，我觉得我们的保健品在这里也应该有市场，李琳点了点头，表示认同，心想：我明天会来的。之后，李琳回家，而王芳却回了公司。

回到公司后，王芳迅速整理好公司的资料，比如，公司产品介绍、媒体报道的文章、食养保健方面的资料，等等，除了这些，她还准备了各种袋装的富饶产品，再次返回小区，主动把他们保健品介绍资料和试用品给了她所见到老人，同时双手递给自己的名片，说："您好，我是从事健康营养方面的咨询顾问，如果您有健康方面的问题，我可以为您提供免费咨询服务，祝愿您身体健康，长命百岁！"老人们都听的乐呵呵的。

第二天，李琳果然也来到了小区，但是当她把自己的资料和名片递上时，很多老人都说："不用了，我们已经有了。"李琳这才恍然大悟，原来自己晚了一步。

果然，几天后的一个下午，王芳接到了一位陌生人打来的电话，对方告诉他，他是前几天在小区里拿到她的名片和资料的，想咨询一些健康问题，几次的电话沟通后，这位顾客接受了他们的健康产品，一下子就购买了近2000元的产品，不仅成了她的忠实顾客，还带动小区里的不少老人购买了她的产品。

在月末总结会上，王芳再次受到表扬，并拿到了奖金……而李琳却一无所获。

就像王芳那样，要想获得成功，就必须有敏锐的眼光并抢先一步把握机会，而把握机会的秘诀则在于快速的行动。很明显，在这个事件中，快速占领市场就是王芳成功的基础。所以说，创业者总能在机会来临时第一个抓住它。而王芳也正是比李琳早一步抓住了机会，才取得了自己的成功。所以做事情时，如果好的机会产生了，千万不要犹豫等待，一定要迅速行动，抢先一步去做，抢先一步将构想赋予行动才会有意义，才可以领先对手，取得高人一等的业绩。

7 多做分外事，业绩自然来

中国有句俗话叫"事不关己，高高挂起"，这句话也正是很多人在工作中的表现,和自己无关的事情绝对不去触碰,他们觉得只要做好自己分内的事就好了。做好分内的事当然是没错,但是对于分外的事,如果你也能恰如其分地做好,常常会给你带来意想不到的业绩。有人说,“多一事不如少一事”,这话是说,事做多了就容易犯错误,少做一件事就少犯一点错误。但是,事实证明,在职场上,你少做事,也就少犯错误,但少做事也同样会错失很多机会。

魏明杰是一家超市新近才招聘来的最基层员工,他的工作就是负责包装各种货物,简单枯燥,也没有什么科技含量,实在看不出他有什么远景。如果要遣散什么人的话,第一个被考虑的对象恐怕就是他了。魏明杰也意识到了这一点,但是他决定一定要做出点什么来,让老板舍不得让他走。

首先,他找到载货部门的头儿,说:“我没事的时候可以来这里帮忙,反正闲着也是闲着,和大家在一起我也很开心。”然后,他就花些时间在那里帮忙做些分外的工作。之后,他又跟畜产部门经理说:“我觉得你们工作很有趣,希望有空时能够来这里向你学习。”一阵子之后,他又分别到烘焙、安全、管理、清洁甚至信用部门帮忙。

3个月后,魏明杰几乎把公司里所有的部门都游走过了,同时,他也掌握了这些部门的工作程序,一旦某部门有人要请假,这个部门的人就会和老板申请,希望派魏明杰去顶替。就这样,短短几个月,魏明杰的名字一次又一次在老板的耳朵旁出现,这也使他很快成了老板眼中很有价值的员工。

又几个月以后,恰逢经济不景气,老板只好宣布裁员。有些人认为像魏明杰这类不本本分分做事的人肯定要被裁掉,但出人意料的是,老板把他留了下来。一年以后,超市生意好转,正好有个经理的职位空缺,老板毫不犹豫地想到了魏明杰。原因就是,魏明杰对超市的所有工作都很热心,而且也了解。

不愿增加自己的额外负担是很多员工的想法,有时候老板突然给了你一个不该你做的事情，这时千万不要有丝毫的抱怨，主动去做，乐意去做，并且告诉自己说，“多做一些，就能够多学一些，就可以对公司整体运作多了解一些”。这样一来，你可能也会像魏明杰一样变成公司最有价值的员工了。不可否认，在一个公司里，会有一些同事把一些本来不应归你负责的工作交给你，或者你的老板在你已经忙得不可开交之时又吩咐你做一件额外的工作，这是一定存在的。这时的你会怎么样？是牢骚满腹还是努力做好。当然是后者。这个时候，你不妨这样想：

第一，这个工作我从来没有接触过，所以这是一次难得的锻炼和学习的机会，多熟悉一种业务，对自己总是有好处的。

第二，这是促进你和同事之间关系的大好机会，如果你能够帮他们完成，一定会得到同事或老板的好感，而且也会让大家对你的才能有进一步的认识。

第三，反正办公时间内总要做事，谁的事都是公司的事，只要不影响自己的工作，就不用区分彼此。

其实，如果你能够做一些分外的工作，使你所做的事比你所拿的报酬多，会无形中发展了你不同寻常的技巧与活力，会让你很快脱颖而出，增加担当重任的机会。一个人如果仅仅局限于自己分内的工作，就永远都不会被人注意，你也将失去很多对你有利的机会。相反，当你把那些分外的事都做得很好时，你将会慢慢受到别人的关注，这也是一个人获得成功所不可缺少的要素。

夏红最初来到公司时，是一名行政人员，她很喜欢这份工作，但是却对她的主管有很大意见。原因就是他的主管和销售部门的主管关系不错，有时候销售部人手不够，主管总会很大方地把自己送到销售部帮忙，这给夏红增加很多额外的工作。虽然如此，夏红还是尽心尽力地做好。

但是有一段时间，公司的效益很差，于是决定裁员。夏红也在被裁掉的名单里。正当她沮丧地收拾东西时，销售部门的主管打来一个电话，说他那里正好缺人，问夏红愿不愿意到销售部工作。夏红喜出望外,觉得自己真实幸运极了,她万分感谢销售主管对她的照顾。接下来的日子,夏红凭着之前对销售部的工作接触过很多,很快就进入了角色。这时,她突然意识到,其实,正是当时那个让她讨厌的行政主管救了自己。如果不是他大方把自己借给销售部,自己不可能懂得销售部门的工作,也不可能从被裁员的黑名单里逃脱。

多做一些分外的工作一定会使你获得更多的技能,更好的声誉,这对你来说绝对是一笔巨大的财富,也许现在还看不出来,但总有一天会在你的职业发展道路上起到关键的作用。因为当你的老板把你和那些只做分内事的人放在一起比较时,你的优势就会显示出来了。所以,要想取得成功,就要让自己永远不能倦怠,就要在工作中不断地锻炼自己,这好比我们要经常锻炼一样,经常运动的人,身上的肌肉就会很强壮,身体的各项机能都保持的很好,但是如果长期不用,一味让它休养,那么身体不但不会强壮,反而会变得虚弱无力。

8 懂得自我约束,业绩来得并不难

缺乏自制力是一个人成功的大敌。无论是谁,如果丧失了自制力,就会被邪恶的力量牵着鼻子走,也就不可能有正确的思考,那么所有的美好的愿望都只能化为泡影,无法实现。良好的自制力可以让我们远离久积的习惯、惰性和放任抗衡,让我们向着正确的方向前进。所以,自制力是使任何事情都能保持正确方向和良好动机的法宝。

作为一名员工,一名想要取得业绩的员工,自制力更是必不可少的。如果你想要很好地完成上级或是老板交给你的任务,就必须依靠自身的自制力去强有力的执行。

小子涵是个聪明可爱的孩子,一家人都非常喜爱他。但是小子涵也有一个弱点,就是自制力太差,学习成绩总是不理想。

有一天，爸爸带子涵去爬山。途中有很多五光十色的小石头，子涵总是对这些小石头爱不释手，于是爸爸说:“我们现在要登山，捡这么多石头会增加我们的负担的”。

但是小子涵还是舍不得扔，而且总是忍不住捡了一个又一个。于是爸爸说:“那好，子涵，你把自己喜欢的石头捡来放到你自己的背包里”。

没多久，小子涵就气喘吁吁地对爸爸说:“爸爸，石头太沉了，我背不动了。”

爸爸笑着说:“那就把石头扔了吧，你得学会控制自己，否则我们就享受不到一览众山小的美景了。”

小子涵忍痛把那些石头都扔掉了，当他再看到漂亮的石头时也克制住了自己没有捡。最终，小子涵和爸爸一起登上了山顶。

故事也许不够精彩，但还是告诉我们一个道理:每个人都必须有自我约束的能力，不要让自己被次要的计划或是无关紧要的事情拉离轨道。高尔基曾说:“哪怕是对自己一点小小的克制，也会使人变得强而有力。”我们必须学会保持头脑不受杂念的干扰，必须培养一种把那些有碍我们前进的东西都挡在外面，学会自我控制，专心致志，这才是通向成功的必经之路。

心理学上有一个概念叫做“延迟满足”。所谓延迟满足，就是甘愿为更有价值的长远结果而放弃眼前满足的抉择取向，以及在等待时的自我控制能力。心理学上的研究还表明，善于抵制诱惑，能够忍耐的人相比那些总是放任自己的人更容易取得事业上的成功。因此，为了追求更大的目标，享受更大的快乐，我们要学会克制自己。事实上，那些事业有成的人，往往都能够严格控制自己的言行，不让小的事情成为前进的阻力。

小楠一毕业就顺利进入了一家外企在上海设立的办事处，工作不太忙，薪水也不菲，公司还派送她去学习报关和相关物流培训班充电，令很多同学都羡慕不已。

办事处不大，人尽其才，小楠也渐渐成长为一个合格的销售助理，辅助销售人员做一些货运、文档方面的工作，可以独当一面。但是，小楠却渐渐地骄傲起来，对销售人员，乃至部门经理安排的事情，常常不那么认真，要么有选择性地做，要么就放在脑后，部门经理几次找总经理反应，但总经理是一位很有“绅士风度”的英国人，总是以“男士要有绅士风度，不要跟女孩子计较”为由，让男同事礼让小楠几分，有时小楠跟同事产生矛盾，只要不关原则，总经理也都很少批评。

半年前，小楠和几名同事一起去参加一个重要的展会，然而开展当天，由小楠负责的好几个文档她都忘在办公室里，虽说事后有在在办公室的同事邮件补救，但对工作也是小有耽搁，几个同事不满说了她几句，小楠竟赌气递上辞呈，总经理为了稳定团队，挽留了她。

但想不到，从此递辞呈竟成了小楠的“杀手锏”，稍不如意就辞职，上个月，总经理终于在辞职信上签了名，看着自己“弄假成真”，小楠疑惑地看着总经理。总经理摇了摇头说：“一直以来，我都在给你机会，希望在工作上你能够自己约束自己，不再犯错，不再和同事们争吵，但是现在看来，没有必要的，因为你不仅不能要求自己好好工作，也无法控制自己的脾气。”

这一刻，小楠终于明白究竟是什么让自己失去这份好工作了。

在这个复杂多变，又充满诱惑的社会中，人们的成功与其自制力是有很大关系的。有些人总是强调，说自己生来就自制力差，其实一个人的自制力在生活中是可以得到培养和提高的。最简单的方法，就是在任何时候都要问问自己什么该做，什么不该做，并认真地想一想，如果在不恰当的时候做了不恰当的事情，将会产生什么样的后果。一旦想到这些，你的自制力就会自然而然地增强。当自己面对诱惑或是受到不良刺激时，每个人都可能产生冲动，这时，一定要及时告诉自己“小不忍则乱大谋”，以使自己保持良好的心境，向着自己的目标不断前进。

第三章　珍惜眼前工作，突破业绩

也许，你目前所从事的工作对于你来说，没有什么兴趣，或者你觉得没有任何挑战性。但是，依然要请你珍惜你眼前的这份工作，因为你的加薪、你的升职，都在这份工作上。上司需要从你目前所担当的工作上对你进行考核。如果你能把本职工作做的有模有样，并且让上司和同事以及你的客户都满意，那么当机会来临时，上司最先想到的就是你。

1 你为自己而工作

工作中，总会遇到这样一个人群，他们总是说："给别人干活可真不容易！"不容易是真的，可是你究竟在为谁工作呢？你真的只是在为老板工作吗？错了，其实每个人都是在为自己工作。几乎每一个人基本上是在读书毕业后，就开始为自己找工作，谋求职位来保障自己的生活；参加工作后，也就步入了人生漫长的工作历程，为自己的理想和前途打拼，直到退休为止。所以，人的一生似乎就是工作的一生。我们通过工作，不但能够赚钱养家糊口，还通过工作，来展示自己的才华，锻炼自己的能力，让自己一边赚钱一边实现自己的人生价值，又从中收获到人生的责任感与成就感，这才是人生的最大乐趣。所以，怎么能说是为别人工作呢？

许多年前，有一个年轻人为了补贴家用不得不出来工作。他的第一份工作是在一家著名的酒店当服务员，他很高兴，也很激动，暗下决心：这是我人生第一份工作，我一定要竭尽全力把它做好，不辜负父母的期望。

但是，令年轻人感到沮丧的是，在新人受训期间，上司竟然安排他洗马桶！从第一次面对脏兮兮的马桶那一刻，他就变得心灰意冷一蹶不振，感觉自己的委屈无法形容，抱怨老板为什么要让他来洗马桶。正当他不想干下去的时候，这家酒店的一位主管出现在了他的面前。这位主管什么话也没有说，而是拿起刷子和洗涤用品，亲自洗马桶给年轻人看。在洗马桶的过程中，这位主管没有一丝的不快，一直微笑着面对马桶的污垢，直到马桶被洗得光洁如新。最后，主管竟然从马桶里盛了一杯水，当着他的面一饮而尽！这位主管意味深长地对他说："我的第一份工作和你一样，也是洗马桶，最初我也不能接受，但是后来我发现，当我经过努力把马桶刷干净时，我自己的心情也会变得很好。

所以,我开始喜欢上我的工作,并尽全力把他做好,就像刷自己家的马桶一样。”

听了主管的话,年轻人豁然开朗,从此他的工作质量达到了无可挑剔的水准,终于有一天,他也可以当着别人的面,从自己洗过的马桶里盛一杯水,一饮而尽。

后来,他成了世界旅馆业的大王,他的事业遍布全球。后来,他回忆说,他的一切成就都得益于他永不停顿、永不满足的创造与卓越的行动。这个人就是康拉德·N.希尔顿。

在美国,这是一个妇孺皆知的故事,也是诠释自驱力精神的最佳典范。如果你觉得你只是在为老板工作、为薪水工作,那么你能做到的也许只是洗马桶;但如果你不仅为薪水工作,还为自己工作,把工作当作自己的事业,即使洗马桶,你也可以成为最优秀的洗马桶者!在这种力量驱动下的人,你会永远保持最旺盛的工作热情,会成为最受欢迎、最被欣赏的那一个。

有人说,这世上有三种人:一种是先知先觉的人,一种是后知后觉的人,一种是不知不觉的人。不知不觉的人工作很辛苦,但却不知为何工作,他们得过且过,做一天和尚敲一天钟。后知后觉的人把工作当成谋生的手段,每天奔波劳碌。而先知先觉的人却是在为自己工作,他们把工作看成生命成长的一个契机、一个机遇,而非赖以糊口的工具,所以他们享受工作。

过去有一个老木匠,为了养家糊口,他一直兢兢业业地工作,很受老板地欣赏。现在孩子长大了,他也不想干了,于是向老板递了辞呈,准备离开建筑业,回家与妻子儿女享受天伦之乐。

老板很舍不得他的好员工离开,问他能不能再帮他建完最后一座房子,老木匠心想:反正是最后一次了,糊弄完就算了。显然,老木匠的心已经不在工作上了,用料时不讲究,手工活也不求精细,与他先前的水平来说,简直就是粗制滥造。但是老板什么也没说。

等到房子竣工的时候，老板亲手把大门的钥匙递给他，说：“这是你的房子，是我送给你的礼物。”

老木匠顿时目瞪口呆，同时也羞愧得无地自容。如果他早知道这是在给自己建房子，怎么可能会这样漫不经心、敷衍了事呢？

其实，我们每个人都在扮演着“老木匠”的角色，当你把工作看做是自己的事，你就会建造出坚固漂亮的房子，而一旦你觉得工作是别人的，你是在为别人工作时，就会变得消极应付，而不是积极主动，而这样建造出来的房子一定是粗鄙简陋。等我们惊觉自己的处境时，却早已深困在自己建造的“房子”里了。所以，当你感觉工作没有动力，做好没有意义的时候，就把自己当成那个老木匠吧，想象一下，你每天敲进去一颗钉，加上去一块板，或者竖起一面墙，那都是留给自己住的！而你的一生就像一座房子，只有一次机会，盖得再不好也不可能抹平重建，所以，即使只有一天可活，也要活得充实、踏实，因为生活是自己创造的！

2 干一行，爱一行，专一行，精一行

“干一行，爱一行”，这句话相信人人都敢说，但是真正能做到的却寥寥无几。即便做到了“干一行，爱一行”也不简单，就能够“爱一行，专一行”。面对工作，有的人怨声连连，有的人敷衍了事，有的人虽然喜欢但却不肯努力……可以肯定地说，成功绝不会靠近这些人。一个人只有“干一行，爱一行，专一行，精一行”时，才会发挥出自己最大的效率，才能让你不断地向前迈进，如此才能逐渐走向自己梦寐以求的成功境地。

作为常州裕华电子设备制造有限公司董事长，周金良很低调，但是走进他的办公室却可以看见几个醒目的大字：要做就做好的。20年来，厂房搬过10多次，这幅字始终在身边。

周金良创业之初，他就把事业定位于特种工业监视系统，但当时人员只有3个，资金只有3万，地方只有十几平米，艰难可以想象。也有人劝他放弃，但是他说，既然干上了就要把它干成、干好。功夫不负有心人，他们研发的早期的KJ32矿用光纤多路监视系统在1995至1998年先后被评为江苏省高新技术产品、煤炭工业部科技进步三等奖、江苏省高新技术产品、江苏省优秀新产品金牛奖，凭借着“要做就做好”的精神，使得“裕华”成为了该行业的领头羊。

但他仍不满足，他总是说：“要做就做好的，打出我们的民族品牌来。”有一年，他们去英国参加一个国际展会，主办方看到是中国的企业，很不重视，随便安排了一个很差的位置。周金良不服气，拿着自己的产品找到展会负责人，负责人一看，这种产品在所有参展厂家中绝无仅有，于是当即调出一个最好的位置，左右两边都是世界500强的企业。

巧的是，没多久，在一个国际大型竞标活动中，裕华和这两家企业“狭路相逢”，激烈的竞争中，裕华凭借着“要做就做好”的精神笑到了最后，拿到了50%的定单，远远超过了两家500强企业拿到的份额。

美国著名黑人民权领袖马丁·路德·金曾说过一段振奋人心的话，他说：“在我们的有生之年，都要面临挑战，都要不倦地工作，以期取得卓越的业绩。但并不是每个人都能学有专长，大多数人还是在不起眼的岗位默默工作。但是，任何工作都有意义，都应该努力不倦地把它做好。如果你是一名清扫工人，那么，就请你像米开朗琪罗绘画那样，像贝多芬作曲那样，或者像莎士比亚写诗那样来扫你的地吧！总有一天，你出色的工作会所有的人都停下来赞美：看这个扫地人，他的工作做得多好啊，真是太了不起了。”

宝华初中毕业没考上高中，于是在十七岁时进入一家连锁超市，成了那里一名再普通不过的打包员，日复一日地重复着几乎不用动脑甚至技巧也不复杂的简单工作。有一天，他和父亲抱怨说："我觉得现在工作太没意思了，怎么干也干不出什么名堂来。"父亲看着儿子，笑了笑说："傻孩子，干什么都能干好，没有干好只是你还不够努力，你可以试着让自己的工作变得更有趣或更有意义。"但是，宝华还是没能让工作变得有趣，他仍无精打采地干着他的打包的活儿。

有一天，他在给顾客打包时，听到一名顾客说："每次来超市都要花很多钱，要是能额外给点东西就好了。"听了顾客的话，宝华动起了脑筋，能给顾客什么呢？花销太大肯定是不行的，超市要计算成本，太烦琐也不行，超市人员不够。想来想去，他想到一个主意，就是每天打印一批小纸条，上面写上一些温馨有趣或发人深省的话，取名"每日一得"，在顾客临走时放入买主的购物袋中。

结果，奇迹发生了。一天，连锁店经理到店里去，发现宝华的结账台前排队的人比其结账台多出3倍！经理大声喊道："不要都挤在一个地方！其他结账台也可以结账。"可是没有人听。顾客们说："我们都排宝华的队，是因为我们想要他的'每日一得'"。

经理于是采纳宝华的方法，在其他的结账台也实行这个方法，结果，一传十，十传百，他们的营业额大大增加，宝华的薪水也大大增加了，不久他还被提升为分店的店长。

人生最大的挑战也许不是突如其来的灾变或是改变命运的选择，而是日复一日、年复一年，在平淡而又平凡的普通日子里，把自己最简单的工作做到最好，能够在旷日持久的平凡中寻找到伟大，在重复单调的过程中演绎丰富多彩，这才是工作对人最严峻的考验。其实，无论你在哪里，做什么事情，只要能始终保持热情，最大限度地发挥自己的创造潜力，即使是最平凡的工作也能创造出非凡的业绩来。

3　精业才能创造非凡业绩

敬业，更要精业，所谓“精业”就是要把工作做好，这既是当今企业对员工的普遍要求，也是每个员工生存和发展的需要。只有把精业变成一种习惯，用正确的方法做正确的事，从平凡做到优秀，从优秀到卓越，精益求精，才能让你的业绩脱颖而出。有些人对待工作，总是抱着“差不多就行了”的态度，结果干一辈子工作也做不出什么名堂。其实，有时候看似差不多，但结果却会差很多。我们举个例子，1 乘以无数个 1 等于 1，0.9 乘以无数个 0.9 就约等于 0，而 1.1 乘以无数个 1.1 却等于无穷大。0.9 和 1.1 看上去和 1 都差不多，但最终的结果却会差很多。所以，我们要清楚，什么事都要尽量做到最好，在优秀的基础上不断优秀，我们就会无穷优秀，在差一点的基础上老是差一点，后果就会不堪设想。

胡适先生曾创作过一篇《差不多先生传》，故事中说有个人叫“差不多先生”，他常常说：“凡事只要差不多就好了。”

小的时候，妈妈叫他去买红糖，他买了白糖回来。妈妈很生气，他说：“红糖白糖不是差不多吗？”

上学堂的时候，先生问他：“直隶省的西边是哪一省？”他说是陕西。先生说：“是山西，不是陕西。”他说：“陕西和山西，差不多！”

有一天，他要搭火车到另一个地方去。他从从容容地走到火车站，却迟了两分钟，火车已开走了。他干瞪着眼，望着远去的火车，摇摇头说：“火车公司未免太认真了。八点三十分开，同八点三十二分开，不是差不多吗？”

后来，他忽然得了急病，赶快叫家人去请东街的汪医生。那家人急急忙忙地跑去，一时寻不着汪大夫，却把王大夫请来了，可是王大夫是个兽医。差不多先生病在床上，知道寻错了人，但心里想道:“王大夫同汪大夫也差不多。”于是这位兽医王大夫走近床前,用医牲口的法子给差不多先生治病。不到一点钟,差不多先生就一命呜呼了。

像上面这个差不多先生,恐怕在职场中大有人在,总觉得差一点没什么,对自己的业务不求上进,久而久之水平不断后退,业绩自然也会走下坡路。而那些成功的职场人士眼里,是绝对不允许这样“差不多”的思想存在的。强者之所以强大,就是因为重视任何事情都能做到比别人更好,只有这样才能让自己的工作越来越出色。

在一次某机场的招聘会上,应聘者如云。

他们的招聘方式很简单,但是也很独特,那就是让每一位应聘者都进行5分钟的演讲,无论你要应聘的是什么岗位、什么工种,都要去演讲,而且要求每位应聘者演讲完后不能离开会场。

而机场的几位管理人员则坐在下面听,但偶尔他们也会向会场里面看一眼,然后在本子上写些什么。一个一个的应聘者都演讲完了,大家集中在一起听机场的人宣布考试结果。如果这一关过去了,他们就有机会参加下一轮的复试,但如果这一关过不了,就彻底被淘汰了。

结果宣布结束后,会场一片哗然,原因是有很多应聘者表示不服气,认为自己的演讲比某某演讲得更好,怎么会自己落榜而某某过关了。要求机场方面把选择的标准作个解释。

这时,一位机场的领导人上台作了这样的解释,他说:

“我承认,在没有通过第一关的人中,有些人的演讲的确很精彩,但是,请大家回忆一下,当你们演讲完了,坐到下面听别人演讲的时候,都做了些什么?”

原来,有的人演讲完了后,觉得自己表现不错,也觉得轻松了。于是,在座位上或是看报纸,或是发短信,有的人眯着眼睛小睡一下,还有的人出去吸支烟。但也有一些应聘者,他们自己演讲完了后,坐在下面还认真地听别人的演讲,并仔细地记笔记。

应聘者的这些不同的表现，都被机场的工作人员悄悄地记了下来，并作为录用与否的重要依据。

有的人说："你们的要求是演讲，演讲结束当然可以自由活动了，这算什么标准？"

机场的领导又解释说："我们机场，每一项工作、每一个岗位，都出不得半点状况。所以我们需要的人才一定是能够在"做"的基础上把事情"做好"，在"做好"的基础上还要做精，只有这样才能最大限度地降低飞行中的安全隐患。"

这一场招聘，其实就像是我们的一项工作，也许很多人都能够把它完成，但是一定会有一个人比别人完成的更好，这就是"精业"。无论是什么职位，什么工作，把每一个细节都做足工夫，精益求精，才是平凡与卓越的分水岭。其实，超越平凡、创造非凡业绩并不是一定要去做多大的事情，只要我们把生活和工作中的每一件小事都做到完美，就能成就卓越了。

4 对自己的工作心存感激

就像亲情和爱情一样，在现代社会里，工作也成了一个永恒的话题。我们曾经对父母、对爱人、对朋友心存感激，那么，面对你手中的工作你是否也有一份感激之情呢？仔细想想，这一份工作来之不易不说，正是它为我们提供了生存发展的物质资料，让我们充分展现自身价值，让我们生活变得丰富多彩，为我们在现实与理想间架起了一座桥梁。听了这些，也许你会觉得有些不屑一顾——我现在的工作简直不值一提，这不是我想要的，等我找到一份好工作，我的精彩人生才开始。但是，有一点要记住：无论你现在的职位和工作在别人眼里有多么微不足道，但它是送你走向未来的传送带，你正是从这份工作开始走向下一步的。在这个世界上，很多优秀的人就是从一份感恩之情里获得了改变自己命运的力量。

在学校最大的演播大厅里，全校最受人敬重的老教授刚刚结束他的学术报告，听众们还都沉浸在那闪烁着思想火花的精彩绝伦的报告当中。这时，有一位女学生急切地走到老教授的面前，提出了一个十分不解的困惑：

“王教授，病魔已将您永远地固定在轮椅上了。请问您有没有为自己已失去了太多而悲伤过？又是什么能够让您在这样的情况下成为一代大师的呢？”

老教授脸上挂着微笑，缓缓地抬起头，用他那不太清晰的声音对大家说：

“我从没有为此而悲伤，
因为我的手还能够活动，我的嘴还能说，
我的大脑还能思维，
我有终生追求的理想，
有我爱和爱我的亲人和朋友。
我感谢我所拥有的一切，
感激让我最大限度发挥着我的能力……”

骤然间，肃穆的会场再次响起如潮般的掌声，同学们纷纷拥到台前，向这位坦然面对磨难的人生斗士表示深深的敬意。女学生也被震撼了，她望着老教授那并不高大的身躯，在刹那间读懂了一个十分重要的课题——做人做事，要常怀感恩之心。

有了一颗感激之心，做起事来才能够尽心尽力。在工作上，也是一样，如果你懂得感激自己的工作，就会尽全力把它做好，而世界上任何一个职位之间都是血肉相连的，正是从现在这个小职位开始，才拉开你人生的精彩帷幕。而我们现在这个不惹人注意的小职位正是我们通向明天、通向理想的坦途。如果你仔细查找，你会发现，在我们这个不被人或者是不被自己看好的职位上，曾经诞生过无数的影响人物。所以，只要我们懂得珍惜它，努力把它做到最好，它就一定能够带给我们更加辉煌的明天。

在中央电视台曾经播出的一期《对话》栏目中，一个北大的女孩对当时的嘉宾索罗斯提出了一个问题，她问道："您不仅是一位投资者，还是一位哲学家，那么谈到哲学的基本问题，比如我是谁、生命有什么意义、世界是什么样的，请问您能告诉我您认为您是谁？您的生命的意义是什么吗？"

索罗斯平静地说："老实说，我也无数次地问过自己这个问题，我是谁呢？你知道，在我出生之前，这个世界就已经存在了，我是生于这个世界的，'我是谁，我所生存的这个世界究竟是一个什么样的世界'，我从很小的时候就开始问这个问题，直到现在我仍然在问自己，我也觉得这是一个很重要的问题。我知道最终这个答案是不存在的，但是我的兴趣依然是为这个问题找到一个答案，因为我想如果我对真实世界的理解越多，对自己的认识越多，那么我就会越快乐，所以理解现实是我最感兴趣的事情。以前对于这个问题，我经常用一些抽象语言来思考，但是幸运的是，现在我进入了金融界，我可以把金融市场作为一个实验室，来测试我的想法，帮助我发展这些想法，这让我感到非常快乐。而且，通过工作，我觉得我对这个世界的理解更深刻了。"

索罗斯的回答让我们看到了一个成功老人的肺腑之言，更让我们看到了他对工作所怀有的感激的态度。在乔治·索罗斯看来，工作已经成为了他认识世界、了解世界，进而探寻自我的平台和工具。通过这份工作，他不断发现真实的世界，真实的自我，从而也体会到了工作的快乐。所以，感谢你的工作吧，无论它是显赫还是平凡，正是它带你走向未来的路，正是它让你对世界有了不断的认识。当你真的学会了善待你的工作，感激你的工作，你会发现，这份原本被自己轻视的工作竟然让自己收获了那么多。

5 岗位是施展才华的舞台

美国著名心理学家马斯洛"需求层次论"告诉我们，人有五层需求，而其中最高的需求就是能获得他人的尊重、能充分发挥能力和实现自我。那么,是什么能帮助我们获得这种需要呢?工作当然是最重要的一种手段,因为我们一生中至少有一半的时间都在工作。通过工作这个舞台,我们可以展示寒窗苦读得来的知识,可以展示我们长期实践积累来的变通力、决断力、适应力、协调力、处事力等;通过这个舞台,我们才能充分品味工作中的乐趣、充分享受工作带来的荣誉、充分体味人生的价值和意义,充分赢得他人的认可和尊重。更何况,人立于世必须要有最基本的生存需求:要解决个人的温饱,要养家糊口,要社会交往,而这些都只有通过工作获得相应的报酬,才能使之成为可能。

一位著名的石油界大王在给他儿子的一封信中说出了工作的真正含义,他说:

我将永远记住我的第一份工作。那个时候,我虽然每天很早就要上班,而办公室里只有昏暗的油灯,但我却从来没有感到乏味和枯燥,反而很令我着迷和喜悦,就连办公室里的那些繁文缛节都没有让我对它失去热情。而结果是,老板总是一再给我加薪。

你要知道,收入只不过是你工作的副产品,出色地完成你的任务,薪水自然会多起来。更为重要的是,我们工作的最高报酬在于我们会因此成为什么。你看,那些头脑活跃的人拼命工作绝不只是为了赚钱,能够让他们工作热情始终不减的东西是,他们认为他们正在从事一项迷人的事业,而这项事业的主人翁就是他们自己。

说实话,我不是一个安分的人,可以说我是一个不折不扣的野心家,我从小就梦想着成为一个富翁。但那时的我还是要受雇于人。不过直到现在,我仍然对我受雇的休伊特公司有着良好的印象,因为那里是一个锻炼我能力,让我大显身手的地方。它拥有一座铁矿、代理各种商品销售,还经营着铁路和电报这两项重要技术。它把我带进了一个妙趣横生、丰富多彩的商业世界，让我看到了运输业的威力，更培养了我作为商人应具备的能力和素养。

所以，我绝对不会和那些整天抱怨老板的人交朋友，他们总爱说什么“我们只不过是奴隶，是他们赚钱的工具；我们整日辛苦劳作，而他们却躲在别墅里享乐”的话。我不知道，这些抱怨的人是否想过一个问题：究竟是谁给了你一个施展才华的舞台？既然你拥有了一个舞台，那么在舞台上如何表演就是你自己的事了。你可以让自己扮演技能超群的工程师，也可以让自己成为一个懒惰无能的蠢家伙。如果你总是觉得这个舞台不怎么样，那为什么不赶紧结束在这里的表演呢？

我看过一个故事：同样都是石匠，同样都在雕塑石像，当你问他们同样的问题“你在做什么”的时候，一个人可能会说：“当然是凿石头了，凿完我就可以回家了”。这种人把工作看做是负担，他永远不能从工作找到乐趣。另一个人可能会说：“我在做雕像，虽然辛苦，但是酬劳很高”。这种人工作是为了赚钱，他们不会有更大的作为。但是第三个人可能会放下锤子，骄傲地指着石像说：“我正在做一件艺术品”。这种人以工作为乐，把工作看做是让自己挥洒才智的舞台，他们既能从工作中找到乐趣，又能把工作做得更好。

所以，如果你把工作当作一种乐趣，人生就是天堂；如果你把工作当作一种义务，人生就是地狱。检查一下你对工作是怎样的看法，那会让你更加快乐”。

读着石油大王的这些话，是不是感觉工作对于我们意义有些不一样了呢？其实，工作对于我们来说，它扮演的角色，绝对不仅仅是一种谋生的手段，它更多的可能是延伸着我们某一种潜意识中的生活态度，可以将我们性格中很多自我的东西，在工作的舞台中得到舒展。换句话说，生活便是工作，而工作也自然地成为了生活的一部分。对现在的工作状态，千万不要总是不屑一顾，虽然在工作的舞台上我们会疲惫不堪，但只要你把它当作生活一样来热爱，当作是属于你的那一个舞台，那么你每一天都会是快乐的。

6 在平凡的岗位上，做出不平凡的成绩

很多年轻人，尤其是初入职场的新人，一心想做大事，总是不屑于做一些基层的或者琐碎的平凡工作，但这样的人到最后往往是什么也做不了。要知道，职场没有神话，每一个岗位都有自己的存在的价值和意义，所以，工作本身没有平凡和不平凡，只有你做得够不够好，如果你热爱自己的岗位，一心要把工作做好，即便是在最普通的一个岗位，也一样可以做出不普通的成绩。

小学毕业之后，雷锋就下乡做了不到半年的农民、2 年的公职人员、1 年的工人、当了 2 年半的兵。雷锋做了这么多的工作，换了这么多的岗位，没有一个是令人艳羡的，每一个岗位都是平凡的不能再平凡、普通的不能再普通。但是，雷锋却从来没有过这样的想法，无论在哪一个岗位上，他都会兢兢业业做事，把每一个平凡的工作做到不平凡。

雷锋在做公职人员时，不论是在机关还是在工地，或者在团山湖的农场；当工人后，不论是开推土机，还是参加焦化厂的基础建设；成为一名战士后，不论是作为普通的士兵，还是当了班长，乃至最后成了部队和社会上的“名人”，在他人生的每一个阶段，在每一个岗位上，雷锋始终兢兢业业、恪尽职守，把平凡的工作当作不平凡的事业来做，始终用他独有的工作热情让每一个岗位都出现不平凡的业绩。作为一名农民时，田间地头到处都是他流汗的身影；作为通讯员时，他跑前跑后，把机关里的那些琐碎的事务处理得妥妥帖帖；作为驾驶员时，他干好工作的同时，努力钻研业务，精益求精；作为一名战士，他苦练军事技术，

忠心耿耿、为国分忧。

他的事迹，所有的人都看在眼里，而他所在的岗位也因为他的成绩而变得不再平凡。

其实，在我们每个人的内心深处都有着某种英雄主义的情节，都渴望着有一天，自己也名垂青史。然而生活本身是平淡的、是真实的，那些波澜壮阔的职场经历并不是时时都有，人人都有，更多的时候，我们是要像雷锋那样，在平凡的岗位上做着平凡的工作，正是这些平常的、甚至是琐碎的事务，日复一日、年复一年地砥砺着、打磨着我们的积极性和勤奋、责任感和热情。当你真正拥有了积极、勤奋的工作态度，真正对你的工作充满了责任和热情时，即便再普通再平凡的岗位，你也能做出不一样的成绩。

刚进入这家大公司，学历最低又没有经验的阿荣被安排做前台接待。在很多人眼里，这是公司最没“价值”的岗位。平时除了接接电话，做个来客登记基本没有什么事情可做。但阿荣却毫无怨言，微笑着迎接自己的第一份工作。

上班的第一天，阿荣就换掉了原来那个皱皱巴巴的登记簿，扯下了破破烂烂的部门电话联系表。取而代之的是一个崭新漂亮的大本，封面是她自己花时间设计打印的公司简介。至于联系电话，她连续几个晚上熬到深夜都熟记在心了。

有人不理解，说十秒钟就能查到电话联系表干嘛犯傻去死记硬背呢？阿荣笑着说：“我做前台就是要‘问不倒，答得快’。”其实，不光是电话和房间号，公司的一切她都注意留心。

有一次，几个国外的客户来公司谈一项合作，阿荣安排他们在大厅稍等。客户们坐在一起，谈到对这个新合作伙伴虽然有兴趣，但是对他们的业绩还不太了解，阿荣听到就主动走上前礼貌地说：“如果可以的话，我可以简单介绍一下。”

在客户们惊讶的目光中，阿荣简洁清晰地把公司近几年的销售业绩、市场份额、运行情况等介绍了一遍。等到销售经理来迎接客人的时候，客户们都赞不绝口："你们公司了不得啊，一个普通的前台员工都能对自己公司的业绩脱口而出，我们对这样的企业很有信心……"就这样，合作的事情很快就谈成了。

事后，经理问阿荣是如何记住那一长串数字的，阿荣说："每次参加公司的年会和例会，我都把各个部门的情况做了详细的记录。"经理不由得对她刮目相看。

其实，阿荣所作的还不止这些。她为了保证电话铃响三声就接通，工作期间她很少喝水，做到最大程度减少上厕所的次数。她说，每一个未知的来电都可能是一个潜在的客户，也许百万元生意就开始于一次及时而热情的接听。

就这样，年底的时候，公司破天荒地把"优秀员工"的称号和额外奖金给了一名平凡的前台接待员。

的确，在一些平凡的工作岗位上，没有那么多惊心动魄的大事要做，但是，如果你能像阿荣这样，在做好本职工作的同时，不断学习，不断追求，不断拓展自己的知识领域和职业技能，你也一样可以在平凡的岗位上"闪光发亮"。

7 平凡的岗位，不甘平庸的心态

在职场上，很多工作岗位看起来很平凡，工作简单乏味，没有前途，于是，有些人开始抱怨，觉得自己"怀才不遇"、"大材小用"。其实，很多名人并不是一开始就从事了轰轰烈烈的职业，他们在年轻时也都曾从事过一些不起眼的平凡的工作，他们也一样经受过挫折的痛苦，有过前途渺茫的挣扎，但不同的是，他们始终抱着一种不甘平庸的心态，最后无一例外，他们都从小人物走向了成功。更何况，就工作本身而言，并没有高低贵贱之分，老板处理上亿的投资并购是工作，工人纺布织纱也是工作。一个人的价值不在于职位的高低，而在于体现在工作中的态度。想成功，就要从做好身边的每一件小事开始！这个世界，没有卑微的工作，只有卑微的态度！

几年前，某集团董事长张先生去伦敦参加一个研讨会。但是不巧的是，开会的地点不在他下榻的饭店，他看了很久的地图，还是不知道该如何前往会场所在的饭店。他只好来到大厅的服务台，请教服务员。

当班的服务员是位老先生，他身穿燕尾服、头戴高帽，看上去有五十多岁，脸上有着英国人少见的灿烂笑容。他仪态优雅地摊开地图，为张先生详细地写下了路径并做了仔细的指示，最后送张先生到门口时，又对着马路比划着饭店的方向。

他的热忱及笑容让张先生如沐春风，刚才的茫然和无助顿时烟消云散，当他向老先生道谢时，他礼貌地回应："不客气，祝您顺利地找到会场。"接着他又补了一句："相信您一定会很满意那家饭店的服务，因为那儿的服务员是我的徒弟！"

"徒弟？"张先生非常惊讶，"没想到你还有徒弟？"

老先生脸上的笑容更加灿烂了："当然，我在这个行业已经做了20多年了，培养出无数的徒弟，我敢保证我的每一个徒弟都是最优秀的服务员。"言语中流露着老先生发自内心的骄傲。

"20多年，难道你一直站在旅馆的前台吗？"

"是啊，能为别人发挥正面的影响，是很过瘾的事情。你想，每年有多少外地旅客来到伦敦观光，如果我的服务能帮助他们减少'人生地不熟'的困惑，并有个很愉快的假期，这不是很令人开心也很重要的事吗？

"你知道吗？许多外国观光的游客就是因为我而对巴黎产生了好感。所以我私下里认为，自己真正的职称不是前台接待员，而是'伦敦市地下公关部长'！"他眨了眨眼，风趣地说。

张先生完全被老先生这种不平庸的心态震撼了，"这真是个懂得工作真谛，能乐在其中的杰出员工。"

现实中，很多人都不可能在一个前台的岗位上"平庸"地工作二十几个年头，更别说能够这么多年始终这么认真负责和快乐的工作了。“平凡的是工作岗位，不平庸的是工作态度。”这句话在老先生的身上得到了最为精彩的展现。是啊，不管你的工作有多么不值一提，也不管你的岗位有多么平凡，只要你能够像这位老先生一样热爱自己的岗位、满怀热情地投入到自己的工作中，那么你就一定会在平凡的工作中做出不平凡的成绩。

唐静是一位年轻漂亮的姑娘，她最近刚刚找到了一份工作——在一家快餐店里负责烙馅饼。烙馅饼是件单调乏味的事，工作环境也不好，但是让人不可思议的是，唐静每天都很快乐地工作，尤其在烙馅饼的时候，她更是一脸的笑容和自豪。许多顾客对她如此开心无法理解，都问她：“在这样的工作环境下，做着这样没什么意义的工作，你为什么每天都这么愉快呢？”

唐静自豪地回答说：“我觉得这个工作意义非常重大。你知道吗？每次烙馅饼时，我都会想到，如果点这个馅饼的人吃到了这个我精心制作的馅饼，那么我的快乐心情也一定能够通过馅饼传递给他，他也就会心情愉快。所以我必须要好好地烙馅饼，让每一个吃馅饼的人都能真正感受到我带给他们的快乐。”

“可是，这对你有什么好处呢？”顾客还是觉得不解。

“看到顾客用餐后十分满足，并且神情愉快地离开时，我同样感到十分高兴，心中觉得自己又完成了一件重大的工作。这就是对我的好处，而且我觉得这比什么都重要。因此，我把烙馅饼完全当作我每天工作的一项使命，必须做好它。”

听了唐静的回答，顾客们都非常钦佩她能用这样的工作态度来烙馅饼。此后，人们常常在茶余饭后说起唐静，一传十、十传百，很多人都来这家店吃她的“快乐馅饼”。顾客们还纷纷把他们看到的反映给公司。公司主管也被唐静这种热情积极的工作态度所感动，并认为值得奖励并给予重用。

没多久，唐静便被升为分区经理了。

烙馅饼本身的确是一件很非常简单枯燥的工作，但是唐静却把它当作是自己的使命，觉得自己必须要煎好每一个汉堡，只有这样顾客才能吃得开心，并将烙好馅饼作为自己的职责，真是令人钦佩。事实上，不可能每一项任务都让我们激动不已，也不可能每天都做那些惊天动地的大事，更多的其实还是那些日复一日、琐碎而枯燥的事。但是，虽然都是在做平凡的工作，都是在平凡的岗位上，如果我们每天都能用一颗不平庸的心去面对工作，并从中发现工作的意义和乐趣，那么烦恼就会不复存在了，成功也会慢慢向你走来。

8 以最大的热情换取最高的业绩

热情是成功的秘诀之一。爱默生说过：**“有史以来没有任何一项伟大的事业不是因为热情而成功的。”**事实的确如此，成功的人和失败的人也许在技术、能力、智慧、经验上的差别并不大，但是在两个人各方面都差不多的情况下，具有热情的人将更能获得成功。为什么呢？因为如果你对工作充满热情，这就意味着，你相信在工作中你所做的一切是有价值的，你也会坚信不疑的去努力把它做好；而且如果你有火一样燃烧的激情，它必定会驱使你去达到你的目标，直到得偿所愿。

热情是做任何事情所必须的一个条件，一旦你让热情成为你的生活方式，成功也常常会不期而遇。因为热情的力量是无穷的，它可以让一个人超越他自身的能力，能战胜一切困难。因此，不管遇到什么样的困难，处于什么样的困境，请时刻保持你的热情。而作为一名员工，面对一份工作，如果能以100%的热情去完成1%的事，那么他就一定能始终如一高质量地完成自己的工作，为公司创造辉煌效益，为自己创造业绩。

某年某月的某一天，一个小女孩儿降生在一个富豪家里。小女孩儿天生丽质，大大的眼睛，白白的皮肤，全家人都把她当作掌上明珠。然而天有不测风云，在小女孩儿三岁的时候，她突然患上了一种无法解释的瘫痪症，从此她丧失了走路的能力，只能每天在轮椅上度日。虽然家人带着小女孩儿走遍了几乎所有的医院，但是小女孩儿的病就是不见好转，一家人失望极了，只有这个小女孩儿每天还在无忧无虑地笑着。

一次，小女孩儿和家人一起乘船去旅行。船上的游客正在谈论，说船舷上飞来了一只漂亮的小鸟，那只小鸟有着五颜六色的羽毛，神奇的是，它似乎能听懂人的谈话，当你觉得高兴时，它也会发出轻快的叫声，而当你沮丧时，它就会低沉的哀鸣。她们被这样神奇的描述迷住了，极想亲自去看一看。妈妈当然同意，但是外面风大，妈妈说要回去给她拿一件衣服，于是就把孩子自己留在了甲板上。

可是，小女孩儿实在耐不住性子等待，她请求船上的服务生立即带她去看小鸟。那服务生并不知道小女孩儿的腿不能走路，而只顾带着她一道去看那只美丽的小鸟。

就在这时，奇迹发生了，小女孩儿由于过度地渴望，竟然拉住服务生的手，慢慢地站了起来。从此，孩子的病痊愈了。

这就是热情的作用，当一个人对生活对工作充满热情时，他会在第一时间迫不及待地把自己发动起来。而面对工作，饱满的热情也是让你发挥最大潜力的因素之一。它能够帮助你在最少时间内完成最多的事，能够帮助你做出最好的决定。美国经济学家罗宾斯曾说过，**“一个优秀的员工，最重要的素质不是能力，而是对工作的热情，没有热情，工作就是一潭死水”。**在热情的推动下，你会觉得你的时间飞一般流逝，逝者如斯夫，所以你会更加高效地完成你的工作和事业，这样看来，你的成就当然也会来得更快。

王华是一家电器公司的销售经理，有一段时间，由于金融危机的影响，公司的资金也发生了困难。公司的业务员们知道这一情况后，人人忧心忡忡，对销售工作也失去了以往的热情，销售额也开始大幅下滑。王华知道，这种状况如果继续下去，他和数百名业务员都将失去工作。王华不得不召集全体业务员的大会。

会上，王华让各地的业务员代表说明一下销售量下跌的原因。代表们都给出了各种各样的理由，有商业不景气、资金缺少、产品偏贵……

听完这些后，王华带着所有的业务代表来到距离公司不远的地方。那里，有一个小男孩儿正在为人们擦皮鞋，他给客人擦皮鞋的时候总是满脸笑容，而且非常认真和小心，就像在擦拭一件上好的瓷器一样，鞋子经过他的手变得又干净又光亮，每擦一双皮鞋，他可以得到1块钱。这个出人意料的举动让推销员们大为不解，以为销售主管哪根神经搭错了。

这时，王华先生转身对在场的业务员说："你们一定记得原来这也有一个人在擦皮鞋，他的技术也不错，但是我来过很多次，他从没有像这个小男孩一样充满热情地擦鞋，反倒常常发牢骚，说上天为什么这么不公平，让他靠这种脏兮兮的职业为生。可是，这个小男孩儿从没有过这样的抱怨，他总是认认真真地擦鞋，每擦完一双都像完成了一件艺术品一样。于是，越来越多的人都来他这擦鞋，原来的擦鞋匠不得不寻找其他的地方去了。他和原来的擦鞋匠工作环境完全相同，都是面对这里的人群，为什么我们愿意来他这擦呢，希望大家能够仔细地想想看。"

业务员们听了王华的这番话之后，渐渐认识到了王华先生的用意：一样的环境，一样的顾客，但是现在的业绩却大不如从前，其实不是因为外部环境发生了变化，而是因为自己没有了以往的热情。

你也许还不知道自己身上蕴藏着多么巨大的能量，而这些能量一旦发挥出来，你也许会创造出连你自己都不敢相信的奇迹。而激发这些能量，靠的就是热情。发自内心的热情，会让你超越自身的束缚，释放出所有的能量。而你的潜能，也只有在你的热情冲破心灵的羁绊时，才能点燃生命的熊熊火焰，才能走向人生的辉煌。

第四章　业绩藏于细节

无论是工作还是生活中，想要成就大事的人很多，但是很少有人愿意把小事做细做好，总觉得一点小瑕疵无伤大雅。但是中国也有句古话，叫做“千里之堤溃于蚁穴”，天下难事，必做于易；天下大事，必做于细。所以我们必须改变心浮气躁、浅尝辄止、只看大面的毛病，提倡注重细节、把小事做细，让再细小的环节也能毫无纰漏。

1 细节决定事业成败

“千里之堤毁于蚁穴”，这是我国古已有之的一句老话，意思是说，即使一个小地方、小环节出了问题，也会成为整件事情的致命伤。海尔的总裁张瑞敏曾经讲过，他说把简单的事情做好就是不简单。伟大从来都来自于平凡，一个人再伟大的事业也需要每天重复着所谓平凡的小事。“泰山不拒细壤，故能成其高；江海不择细流，故能就其深。”所以，可以毫不夸张地说，现在已经是一个细节制胜的时代，无论你的工作是什么，总会遇到各种各样的细节问题，只有把它们都处理得当，你的大事才能成功。否则，就只能是“溃于蚁穴”了。

在我国东北地区曾有一家国有企业，这家企业打算与一家美国大公司商谈合作问题，因此花了大量工夫做前期准备工作。在一切准备活动做好之后，这家企业邀请美方派代表来企业考察。

美方代表到了企业之后，这家企业的领导热情地带领美方代表参观了企业的生产车间、技术中心等一些场所。美方代表对他们的设备、技术水平以及工人操作水平等连连称赞，表示了相当程度的认可。企业的领导当然也非常高兴，在晚上设宴招待美方代表。这样的大事好事，当然不能怠慢人家。于是，宴会选在了一家十分豪华的大酒楼，有 20 多位企业中层领导以及市政府的官员前来作陪。最初，美方代表还以为中方有其他客人及活动，但是最后他们得知，这一切只为招待他一人之后，感到十分不可理解，当即表示与中方的合作要进一步考虑。

美方代表回国之后，与他们的领导曾进行了沟通。两天后发来一份传真，拒绝了与这家企业的合作。企业觉得很莫名其妙，美方代表明明表示各种条件都很符合美方的要求，对他的招待也热情周到，怎么就莫名其妙地拒绝了呢？百思不得其解之

余，他们发回信函询问。美方给出的回复："你们吃一顿饭都如此浪费。要把大笔的资金投入进去，我们如何能放心呢？"

对于这家企业来说，如果能得到美方这笔巨额投资对于其未来发展无疑具有重要的作用，所以这件事绝对得算得上是件大事，然而这件大事却因为一顿饭的"小节"而毁于一旦。有时候，事情就是这样，看不到细节，或是拿细节不当回事，往往会就此坏了整件大事。一个人对待工作也是这样，如果总是忽略细节，觉得细节无关紧要，那么他最终将一事无成。但是，如果在工作中你能够处处考虑到细节、注重细节，认真对待工作，将小事做细，你也将很快走上成功之路。

台湾首富王永庆早年因家里贫困读不起书，只好去做买卖。1932年，只有16岁的王永庆便从老家来到嘉义，准备开一家米店。但是，当时小小的嘉义已近30家米店，当时王永庆手里不过200元资金，好的位置和店面租不起，只能在一条偏僻的巷子里租了简陋的铺面。然而，开的晚、办的小、地方偏使他在新开张的日子里，生意冷清的可怜。

怎么办呢？王永庆感觉到要想米店在市场上立足，就必须做到人无我有。他经过仔细的考虑、观察，终于找到了一个细节。就是，那时候稻谷收割后都是铺放在马路上晒干，然后脱粒，这样砂子、小石子之类的杂物就很容易掺杂在里面。而用户在做米饭之前，都要经过一道淘米的程序，很不方便，虽然买卖双方对此都习以为常，但王永庆却找到了切入点。他带领两个弟弟一点一点地将米里的秕糠、砂石之类的杂物拣出来，然后再出售。这样，王永庆米店卖的米质量就要高一个档次，米店的生意也日渐红火起来。

不仅如此，他还注意到，由于年轻人都要干活挣钱，所以日常来买米的通常都是家里的老人，所以他主动送货上门。这一方便顾客的服务措施，大受顾客欢迎。

但送货上门也有很多细节工作要做，比如每次给新顾客送米，他都细心记下这户人家米缸的容量,寻问有几口人吃饭,多少大人、多少小孩,然后据此估计该户人家下次买米的大概时间,到时候,不等顾客上门,他就主动将相应数量的米送到顾客家里。

正是王永庆这些看似不起眼的精细服务令不少顾客深受感动,也使他最终赢得了顾客。

王永庆成功的例子充分地说明了"细节是一种创造",说这是创造可能会有人觉得好笑。其实,创造并不见得一定要轰轰烈烈,惊天动地。工作中的小改小革,细节调整都是一种创造。而王永庆"细致到点",从细节中找到机会的事例不正说明了这一点吗?所以说,在激烈的市场竞争中,在我们的现实工作中,谁关注细节,谁就把握了机会,也就在竞争中抢得了先机。

2 工作无小事

有人说"做大事的人不能老是拘泥于小节",许多细节不过是小事一桩,用不着太在意。但在工作中,这句话绝对是错误的!很多大事没做好都是由于小事出了问题。卡耐基曾经说过:"一个不注意小事情的人,永远不会成就大事业。"所以,不要小看了这些细节,在这样一个细节决定命运的年代,那些看起来并不起眼的小事儿,往往蕴藏着更大的机遇,在无形中影响着你的命运。

参加招聘会的那天早上,小陈不小心打翻了水杯,将准备参加招聘会的简历浸湿了。但是,为了尽快赶到会场,小陈将简历简单地晾了一下,就把简历匆匆塞进背包向会场跑去了。

在招聘现场,有一家深圳房地产公司正在招聘广告策划主管。小陈对这个职位非常感兴趣,于是凑上前去。按照这家企业的要求,招聘人员需要先与应聘者进行简单的沟通,再收简历,如果他们收了你的简历就说明你将得到面试的机会。

招聘人员只问了小陈三个问题便向他要简历,这说明他们对小陈印象不错,小陈心里也暗自高兴。但是,当小陈掏出简历时才发现,自己的简历有一大片水渍不说,他胡乱地往包里一揉,现在已经不成样子了。尽管小陈努力用手将它弄平整,但面对这份“伤痕累累”的简历,招聘人员的眉头皱了皱,收下了。

三天后,这家公司通知小陈参加了面试,小陈表现非常活跃,无论是现场操作,还是口头推介,他都完成得非常好,甚至还即兴表演了一段小品,所有负责面试的人员都对他啧啧称赞。结束面试后,一位负责的小姐对他说:“你是今天面试者中最出色的一个。”

然而,一周过去了,小陈始终没有得到公司的答复。他急了,便主动打电话向那位小姐询问情况。小姐沉默了一会,说:“其实招聘负责人对你很满意,但老总不同意”。

“为什么?他没看到我呀”?

“可是,他看到了你的简历,他说,一个连简历都保管不好的人,是管理不好一个部门的”。

不只是刚刚毕业的学子们要注意这些,在任何工作岗位上的人都要注意把小事做细做好。千万不要以为,做大事的人不必拘泥于小节,正所谓“一屋不扫何以扫天下”。有时候,一个人深层次的素质往往会通过这些“小节”不经意的流露出来。一个人要展示完美的自己很难,它需要你把每一个细节都做到尽善尽美;但是要毁坏自己却很容易,只要一个细节没有做好,就足以给你带来难以挽回的影响。工作中,更是这样,一些看似无所谓的小差错却可能让你的整项工作都毁于一旦。无独有偶,这里还有一个关于应聘的故事:

通用电气公司前总裁韦尔奇被誉为“世界经理人的经理人”。有一年,韦尔奇着手写了一本商业管理著作,然而书名还没有确定下来,就被时代华纳下属的“时代华纳贸易出版公司”买下了该书在北美的发行权,而且是以710万美元的天价买下的。

几乎可以断定，多数读者在读完这本书后都会感觉到，其实这位传奇式的英雄人物在管理学基础理论上并没有什么振聋发聩的东西。但人们津津乐道的是他作为GE公司总裁在长达20年的管理实践中所体现的那些细节。

有一次，公司内部的经理人员需要晋升，按常理这应当通过考试，但出什么样的考题，就是细节问题了。韦尔奇既然已“管理”著称，当然不会和其他人一样。他为经理人出的题目既非来自经济学的典籍，也不是来自什么经营专著，而是要那些竞争高级职位的经理人就莎士比亚的一部作品写出自己的“读后感”！

也许有人会觉得这简直是风马牛不相及，但这却可以考察出管理人员的心理素质，包括他们体察社会心理的能力。在韦尔奇看来，作为企业的高级管理人员，如果连一部世人皆知的文学作品中的人物心理都把握不好，又怎么能够理解和面对公司内部成千上万的雇员的心理呢？作为管理人员，如果理解不了雇员的心理，还谈什么“以人为本”的管理呢？韦尔奇本人也正是一位实践“以人为本”理念的管理大师。他曾说过一句名言：**“我们所能做的是把赌注押在我们所选择的人身上。所以，我的全部工作就是选择适当的人。”**为此，韦尔奇还有很多让人意想不到细节，比如：

他会手写“便条”并亲自封好，然后送给给基层经理人甚至普通员工；

他能够轻松地叫出1000多位通用电气管理人员的名字；

他会亲自接见所有申请担任通用电气500个高级职位的人员。

……

这些都是小事，但在那些全球最令人钦佩的大公司中，很少有哪家公司的老板能做到这些。正是这些不起眼的细节，造就了这位管理大师的管理艺术。

注意细节其实是一种“硬”功夫，这种功夫不是一朝一夕就能炼成的，而是要靠日积月累培养出来的。中国古人说的好：勿以善小而不为，勿以恶小而为之。一个好的举动，不管它多小，都可以为你增添无限荣耀；一个坏的举动，不管它多小，都可以成为败坏你一生的绊脚石。所以，要把重视细节、将小事做细培养成一种习惯，在任何时间、任何地点都把小事当大事来做。

3　创新源于平凡之中

我国著名企业海尔集团的总裁张瑞敏曾对他的员工说：“什么是不简单？把每一件简单的事做好就是不简单；什么是不平凡？把每一件平凡的事做好就是不平凡。”如果你有机会到海尔厂区走一走，你会发现，在上下班时海尔的工人走路全部都是靠右边走，没有其他企业员工潮进潮出的现象，完全按交通规则，这就是创新，就是不简单，因为他们在这个平凡的小事中让上下班变得井然有序，避免了乱哄哄的景象，也让员工进出更加方便和安全。难吗？不难。行人靠右走这是连小学生都懂的规则，很多企业都没有做到，但是海尔却率先做到了。的确是这样，很多时候，一些平凡的细节小事，都可以成为我们做出新成绩的起点。

在我国广州有一家著名的生产内衣的企业，然而，在20世纪80年代初，这家公司刚刚创业时，连经理在内只有3个人。当时，在广州多数百货商店和服装铺都设有试衣间，但试穿内衣却比其他衣服要麻烦得多，如果一件不合适接着再试时，不仅浪费时间，而且多少有些尴尬。

这家公司的经理也注意到了这个细节，他想：怎样才能避免这个问题呢？他想来想去注意到了一个细节：如果几个女人在一起购买就会避免许多尴尬，也会使成交率提升。于是，他想出了一个办法，就是在自己家里让妻子邀集三五位邻居或女友，一起挑选公司送来的内衣，如果觉得中意可以当场试穿，这种场合气氛亲切，非常适宜妇女购买内衣。同时，他还配合这种销售方式做了一些规定：凡是在家庭联欢会上一次购买内衣达100元的顾客，可获得“会员”资格，今后购买内衣可享受七五折的优惠；如果会员能够在3个月内发起家庭联欢会20次以上，销售金额达到4000元，就可以成为本公司的特约店，享受6折优惠；如果6个月内举办家庭联欢会40次以上，销售金额达到30000元，就可以成为公司的代理店，享受5折优惠。

这种销售方式果然让这家公司获得了迅速的发展。短短十年后，这家公司就成了拥有200多名员工、800家代理店、2万多家特约店、135万名会员的大公司，被称为“席卷内衣业的一股旋风”。

买衣试穿的的确确是一件不起眼的小事，但这家公司的老板却从这个平凡的小事中发现了机会，并以此为契机，进行了创新，采取了新的销售方式，结果大获成功。现在，我们已经进入了全球一体化的经济时代，这个时代对企业的员工也提出了更高的要求。为了顺应时代发展的需要，每一名员工都要有新的视野，具备新的技能，最重要的是还要富有创造精神和创新能力。而这种创新精神和创新能力并不一定要从大事中来，恰恰相反，创新往往就是在平凡的岗位和平凡的工作中来。

王洪军是一汽大众的一名普通钣金维修工，他负责白车身的钣金维修和调整工作。2007年，这位在平凡的岗位上从事着平凡工作的普通工人，荣获了国家科学技术进步奖二等奖，原因就是他在工作中的不断创新。

业内人都知道，轿车车身表面的钢板厚度通常只有0.75毫米，很容易变形，很多钣金工为此感到头疼。但是王洪军却对此动开了脑筋，他希望找到一个新方法，能够让这项工作简单起来，并为企业节省开支。

于是，王洪军每天开始记录外国专家的钣金操作方法，并不断结合实际情况反复演练，凭着一股韧劲儿，王洪军一干就是17年。这期间，他在原来工作的基础上，创造出了包括轿车“白车身”表面缺陷修复法、车身间隙平度超差调整法等50多项技巧。

在创新技术的过程中，王洪军还研制发明出工具40多种2000多件，被人们誉为“生产线上的千手观音”。有了王洪军的这些“小发明”、“小创新”，使生产线上的节拍提高很多，工人的工作劳动强度也降低了。

创新并不只是发明家的专利，创新可大也可小。更为重要的是，每一项创新往往都是从点滴的发现开始，也许你在某个平凡的工作岗位坚守了几年、十几年，甚至几十年，但突然有一天，在不经意中，一个新的意识就突然出现在你的脑海中了，这就是创新。其实工作中有很多重要的方面，其表露在外面的往往都只是看似无所谓的“冰山一角”，所以需要我们很细心地去发现这些冰山露在水面的部分，如果你能够加以改进或是有所突破，那么这个创新就会是了不起的发明。

4 优化每道工序，业绩才完美

密斯·凡·德罗是20世纪世界最伟大的四位建筑师之一，有人要求他用一句话来概括一下他成功的原因时，他却只说了五个字——魔鬼在细节。什么意思呢？这位建筑大师反复强调的是：不管你的设计方案如何的恢弘大气，但是如果把握不好细节，就不能称之为一件好的作品，必须要把整个建筑的每一个细节都做的准确、生动，才能够成就一件伟大的作品。

曾有一位企业界的名人说过，“复杂的目的是为了追求完美，服务做得越复杂，对客户来说就越简单越完美”。没错，在企业内部，每一道工序、每一个细节都做好就会变得复杂，但是这种复杂会让产品变得完美，会使销售变得简单，也会让业绩更加突出。

国内曾有一家乳品企业，他们的销售曾在同行业中遥遥领先。当问到他们有什么秘诀时，营销经理毫无保留并自豪地谈起他们的推广活动："我们的推广非常注重实效，你们如果稍微留心一下每天奔驰在马路上的汽车，你们就会明白。目前，每天我们有100辆崭新的送奶车在全市穿行，每辆车都有醒目的品牌标志和统一的车型颜色。一般人可能想不到，其实这本身就是流动的广告，而且我还要求这些送奶车，即使没有送奶的任务也要在街上开着转。怎么样？这不是一种很好的宣传方式呢？我相信，别的厂家根本就没有想到这一点。"

他们的这一小举动的确起到了很好的宣传效果，这家乳品企业的销售额也大幅增加。

然而，这个城市里原来很多喝这个牌子牛奶的人，却在后来不到半年的时间里坚决不喝了，销售经理觉得很蹊跷。他派人明察暗访，并想方设法和那些原本喝他们牛奶的客户取得联系。最后他们终于找到了老客户流失的原因，正是这给他们带来效益的送奶车惹的祸。

原来，这些送奶车用了一段时间后，由于忽略了一个环节，那就是维护和清洗。长时间在道路上行驶，使得车身很快就粘满了污泥，甚至有些车厢已经有了明显的破损，那些原本很鲜亮的广告画和广告标语也变得肮脏不堪。但是送奶车还是照样每天在大街上行驶，丝毫感觉不到自己的不雅。于是，有的老客户就开始泛起了嘀咕："这家企业的牛奶卫生能过关吗？他们连送奶车都是这么脏兮兮的，其他的环节也一定好不到哪儿去。"就在这样的推理下，很多老客户不再订购他们的牛奶，其他人看了这样的送奶车以后自然也不会订购了。

这位销售经理可能怎么也没想到"成也送奶车，败也送奶车"，原本"让送奶车成为广告"已经成了牛奶销售的重要环节，但是正是在这一环

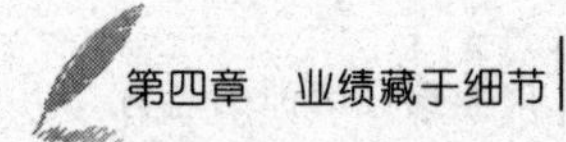

节之后的小环节出现了差错，才导致了业绩大幅下滑的惨剧。所以说，任何一个小环节做不好，都会导致最后的失败。比如一台拖拉机，需要五六千个零部件；一辆小汽车，则需要上万个零部件；一架“波音 747”飞机，共需要有 450 万个零部件；而美国的“阿波罗”宇宙飞船，则要两万多个协作单位生产完成。可见，每一个庞大的系统都是由无数个细节结合起来的，忽视任何一个细节，都会带来想象不到的灾难。

浙江某地曾因为出口冻虾仁而在欧洲市场赢得了一席之地，他们每年出口的冻虾仁高达几千吨，这为他们开来了巨大的财富。当时的老板也一再强调，务必把每一个环节都做好，即便是在小的一道工序也不能忽视。良好的质量一直都是他们的骄傲和谈判的砝码。

但是，有一年，他们出口的 1000 多吨冻虾仁却被欧洲一些商家退了货，并且要求巨额索赔。这是怎么回事呢？原来欧洲当地检验部门从他们出口的这 1000 多吨冻虾中查出了 0.2 克的氯霉素，也就是说在这批冻虾仁中，氯霉素的含量占被检货品总量的 50 亿分之一。经过严格的自查，他们发现问题出在一个加工环节上。原来，他们制作冻虾仁有一个环节是“剥虾仁”，而这一环节需要工人靠手工完成，有一些员工因为手痒难耐，就用含氯霉素的消毒水止痒，结果将氯霉素带入了冻虾仁，导致出口的冻虾仁中的氯霉素含量超标，而最终导致退货和索赔。

这起事件引起不少业内人士的关注，有的人说“国外的检测标准太苛刻了，这 50 亿分之一的含量根本不会对人体造成任何伤害”，也有人说，“太可惜了，所有的环节都做好了，就差这么一小点，真是功亏一篑呀”。的确，这家企业哪个环节都做的很好，但是就是这么一个小细节没有注意到，结果导致了大量退货，给企业带来了巨大的损失。所以说，只有优良到每一个工序，业绩才能更完美。

5 业绩源于点点滴滴的积累

大部分成功人士都信奉这样一句话:成功源于细节,细节决定成功。正如西方有句名言,叫做“罗马不是一天建成的”,不论是世界500强之首的沃尔玛,还是中国制造业旗舰的海尔集团,都是在踏踏实实、埋头苦干中积累了点点滴滴的经验和智慧才逐渐长大的。任何点滴的累积,都会有加倍的回报。

从前,有一个年轻人的父亲得了重病,他很想为父亲治病,可是家里太穷,所以他非常渴望成为富翁。于是,他辛辛苦苦四处寻找成为富翁的方法,只要有人说什么方法能成为富翁,他都会毫不犹豫地去做。后来有一天,观世音菩萨被他的虔诚打动了,对他说:“你从这个村庄走出去,无论遇到什么,都要珍惜。这样,你很快就会成为富翁了”。

年轻人高兴的不得了,立刻就出发了。可是刚一出门,他就被一块石头绊了一个跟头,刚要发怒,他想起了菩萨的话,于是他捡起了石头拿在手里。突然他听到一阵孩子的哭声,原来是一位父亲在抱着孩子,怎么也哄不好。可是,当小孩看见他手里的石头时,露出了好奇的神情,还渐渐停止了哭声,于是他把石头送给了孩子。孩子的父亲为了感谢他,送了他三个苹果。他继续向前走,走到一棵大树下,看到一个布商蹲在地上叹气,他上前问道:“你有什么事吗,怎么在这叹气呀”?布商说:“我太饿了,可是一匹布也没有卖出去,没钱买东西吃”。于是,他把三个苹果给了布商。布商为了答谢,给了他一匹上好的绸缎。

年轻人拿出绸缎向前走,这时他又看到一匹马倒在地上奄奄一息,马夫在一旁叹息,于是他用绸缎换了病恹恹的马,马夫高兴地走了。他则到小河边设法弄来一些水给马喝,没想到马喝了水之后,一会儿就站了起来。他正骑着马路过一家大宅院,宅院里突然跑出一位老人，对他说："我是这所院子的主人，我有事想借用你的马，如果三天内我能回来，一定重重谢你。如果三天我还回不来，那么这所宅院就归你了。"三天过去了，宅院的主人竟然没有回来，他就真的成为了宅院的主人，过上了富裕的生活。

这时，年轻人回想自己一路走过来的经过，他突然发现，原来自己的致富之道竟然是从小换大，一点一点积累来的。

故事当然有些夸张和虚构，但我们还是能从中看到一点一滴积累的作用。其实，不仅仅是财富，我们工作中的成绩也都是平时一点一滴积累起来的。也许你在今天学会了拧螺丝，在明天学会了测电压，在后天又知道了怎样连电路……那么很多天以后，你可能就自己做出来一个小台灯。很多成绩我们看起来觉得无比伟大，但再伟大的成绩也是在日积月累中造就的。不知道是哪位名家说过一句话，"做事不贪大，做人不计小"。不论是做人、做事、做管理，都应当踏踏实实，从实际出发，从大处着手，从小事做起，拒绝浮躁，日积月累就是一条成功的路。

20世纪，有两个年轻人都在为自己的人生努力着，他们一个是日本人，一个是美国人。

日本人勤俭刻苦，每月把自己工资和奖金的三分之一存入银行，雷打不动，虽然许多时候他这样做会让自己的生活陷入窘迫，但他仍咬牙照存不误，有时甚至不惜借钱维持生计也从来不去动银行的存款。

但美国人和他不一样。他整天躲在狭小的地下室，将数百万根的K线一根根地画到纸上，然后再贴到墙上，接下来就是对着这些K线思索，有时他甚至面对着一张K线图呆坐几个小时。再后来，他把美国证券市场有史以来的记录搜集到一起，试图在杂乱无章的数据中寻找一些规律。不过，由于没有工作，也就没有收入，许多时候他不得不靠朋友的接济度日。

6年后，日本人靠自己的勤俭积蓄了5万美元的存款，并用自己节衣缩食积累财富的经历打动了一名银行家，获得了100万美元的贷款，创立了麦当劳在日本的第一家分公司，这个日本人就是麦当劳日本分公司的第一掌门人藤田田。

六年后，美国人集中研究了美国证券市场的走势与古老数学、几何学和星象学的关系，并成立了自己的经纪公司，他发现了一种有关证券市场发展趋势的预测方法——“控制时间因素”。他在金融投资中赚取了5亿美元的财富，成了华尔街上的神话人物。他叫江恩，世界证券业最重要的“波浪理论”的创始人。

藤田田靠节衣缩食攒钱起家，而江恩靠研究K线理论致富，看似风马牛不相及的两个故事，但却蕴含同样的道理，那就是他们都是从一点一滴的努力中创造和积累着成功的条件。在现实生活里，每个人都有梦想，都渴望成功，但他们往往只看到成功人士功成名就时的辉煌，却常常忽略了“成功需要积累”这条最原始也是最简单的真理。

在走向成功的征途中，积累是小步子增加，而不是大步子跨越。世界上很少有一步成功的奇迹，绝大多数人都需要从小事做起，从细节做起，把每一步都踏踏实实地走好，一步一步地积累，才能不断获得与困难作斗争的动力和智慧，才能取得一个又一个良好的业绩。

6 一句话也可以成就你的业绩

在工作中，很多人注重实际表现，都对那些“光说不练”的人有几分的不屑，觉得只要自己努力工作好好表现就行了，至于说话那是次要的。但实际的情况并不是这样，有时候一句话说对了，很多机会呼之即来；有时候你一个词没用好，很多机会则会闻“声”而去。事业的成功和失败往往决定于某一次谈话，这话绝不夸张，美国人类行为科学研究者汤姆士曾经断言：“发生在成功人物身上的奇迹，一半是由说话创造的。”

陆文强是一名著名的建筑商人，他曾捐赠巨款在自己的家乡建造了一座纪念馆和一座戏院。为了争取得到陆文强的资助，许多制造商展开了激烈的竞争。但是，找陆文强谈生意的商人无不乘兴而来，败兴而归。此时，“曙光座位公司”的经理王亚辉也前来会见陆文强，希望能够得到这笔生意。

陆文强的秘书在引见前，就对王亚辉说："我想提醒您的是，陆先生是一个很严厉的大忙人，如果您占用了他5分钟以上的时间，您就完了"。

王亚辉被引进陆文强的办公室后，看见他正埋头看文件，于是王亚辉静静地站在那里仔细地打量起这间办公室来。过了一会儿，陆文强发现了王亚辉，便问道："先生有事吗？"秘书把王亚辉作了简单的介绍后，便退了出去。

这时，王亚辉并没有像其他人那样抓紧时间谈生意，而是说："陆先生，我本人长期从事室内的木工装修，但却从没见过装修得这么精致的办公室。"陆文强顿时来了说话的兴致："哎呀！我差点都忘了，这间办公室是我亲自设计的。"

王亚辉用手在木板上一擦，说："我想这是英国橡木，意大利的橡木质地不是这样的。"

"是的。"陆文强高兴地说，"那是我的一位专门研究室内橡木的朋友专程去英国为我订的货。"

陆先生的心情好极了，他带着王亚辉仔细地参观起办公室来了，从木质谈到比例，又从比例扯到颜色，从手艺谈到价格，还详细介绍了他设计的经过。此时，王亚辉微笑着聆听，饶有兴致。

谈话的时间早就超过了5分钟，但陆文强还在滔滔不绝地讲述着，甚至还谈到了自己的出身以及奋斗的历程。结果，他们谈了一个小时，又一个小时，一直谈到中午。最后陆文强竟然对王亚辉说："上次我在一个家具店买了几张椅子，放在走廊里，时间太长都脱了漆。我打算亲自把它们重新油漆好，您有兴趣看看我的油漆手艺吗？"

"当然，那太好了。"王亚辉高兴极了。

两人还一起吃了午饭，直到王亚辉告别的时候，两人都没有谈及生意。但是最后，王亚辉不但得到了大批的订单，还和这位建筑商人结下了终身的友谊。

为什么那么多人来找陆先生都无功而返，而陆先生偏偏把这笔大生意给了王亚辉？这可能仅仅就是因为王亚辉的一句话赞美的话，勾起了陆先生说话的兴趣，于是，一笔生意谈成了。其实，在工作中，我们总是少不了与别人交流，交流虽然仅仅是工作中的一个小环节，但却是必不可少的，做得好，会让你的工作锦上添花，做不好，也会让你的业绩转瞬为零。

小王是一家饮料公司的销售人员，而小张则是一家超市的进货员，虽然是两家公司的业务员，但由于一直都有合作，于是成了好朋友。这两个人平时都爱开玩笑，几天没有见，一见面准会有一个人说："你还没'死'呀？"对方也不计较，乐呵呵地回一句："等着给你送花圈呢。"然后哈哈一笑了事。

但是后来，小张因为病重住进了医院，小王去医院看望。这时，小王一见面就又想逗逗他，于是像往常一样张口就说："你还没'死'呀？"但是这一次，小张变了脸，生气地说："滚，你滚。"便把他赶了出去。

这之后，虽然小王曾多次找小张道歉，但小张总是觉得心里不舒服，他们的合作也就此终结了。

就是这么一句玩笑话，把多年的合作都毁掉了。我们每天都在说话，但说话却有很多细节需要注意，虽然不是什么大事，但如果一旦碰触，也常常闹得不欢而散。比如：许多人不喜欢别人问自己的年龄，尤其是女性，年龄更是不愿被提及；有些人对财产、工资等私人问题也很反感，通常也要谨慎；有些人总是不自觉地打断别人的谈话，这显得很不礼貌；也有人张口闭口总是"我"字当头，这会让人觉得太自我为中心；有人不管谈话对象是谁，也不管人家愿不愿听，总之把自己的苦恼，一吐为快，也会令人生厌；或者也有人说话咬文嚼字，让人听起来晦涩难懂……看起来都不是什么大不了的问题，但却会给你的交流带来障碍，所以，说话也要讲究艺术，业绩才能顺利到来。

第五章　说到不如做到，业绩是干出来的

无论多么宏伟的蓝图，无论多么正确的决策，也无论多么严谨的计划，如果没有严格的高效率的实施，最终的结果都不过是纸上谈兵，都会和我们的预期相去甚远。业绩也是一样，不管你多么雄心勃勃，也不管你多么智慧超群，如果你不肯去干，一切都是零。业绩是要靠实干，才会有的。

1 告别空头理论家

如果不能被付诸实施的话，再周密的计划也是一钱不值。我们知道，无论什么事都是做出来的，而不是说出来的。在实际的工作中，我们总能看到这样一个群体：无论大会小会，他们总是夸夸其谈，说的头头是道，但说到业绩，他们却寥寥无几，原因是什么？很简单，就是因为他们光说不做。也许他们从来就没有思考过一个问题：简单的行动比复杂的思考更有价值。

在一户农家院里，住着一群老鼠，他们常常在夜里出动偷走农民的粮食，自己享用，日子过得非常悠闲。但是，有一天，农夫发现有老鼠偷自己辛辛苦苦劳动得来的粮食，很生气，于是，他买来一只猫。这只猫很厉害，只要它发现老鼠的行踪一定要追到底，要么把老鼠吃掉，要么咬掉它们的尾巴，至少也要把老鼠吓个半死。

这群老鼠吃尽了猫的苦头，它们终于忍无可忍，决定召开全体大会，号召整个老鼠家族的每一个成员都要倾注自己所有的智慧，制订一个对付猫的万全之策，争取置猫于死地，或者把猫彻底赶跑。这样就一劳永逸地解决了事关老鼠家族生死存亡的大问题。

众老鼠们都抓耳挠腮地冥思苦想。有的提议说最好是培养猫吃鱼、吃鸡的新习惯，这样猫就不会对老鼠感兴趣了；有的建议说要加紧研制一种具有诱惑功效的毒药，让猫来吃，这样就一了百了。但是，这些方法都需要很长的时间，恐怕等不到猫被制服，老鼠家族就要被猫吃光了。

最后，还是一个老老鼠想出了一个办法。它的主意一说出来，就让众老鼠们佩服得五体投地，连呼高明。它说：“我觉得最好的办法就是在那只该死的猫的脖子上挂上个铃铛，只要猫一动，铃铛就会发出‘叮当’的响声，这样我们大家以铃声为警戒，听到铃声就赶快跑，躲藏起来，不就没事了吗？”

这个好方法被众老鼠们全票通过。这时，一个新问题来了，老老鼠问道：“现在还有一个问题，你们谁愿意把铃铛挂到猫的脖子上去呢？这可是为我们老鼠家族立大功的好机会。”几个小老鼠在荣誉感的驱使下，有点跃跃欲试，但都被它们的父母拦下了，训斥它们说：“你们不要命了？”于是决策的执行者始终产生不出来。

老老鼠又承诺，谁完成这项任务，将会获得老鼠家族有史以来的最高荣誉并颁发证书，而且今后就只管坐享其成，再也不用去偷粮食了，每个月还有固定的补贴……老老鼠说了一连串的奖励办法，但无论什么高招，好像都无法将这一决策执行下去。

所以，直到现在，老鼠们还在自己的各种媒体上争辩不休，也经常举行会议，同时，依然在受猫的威胁。

很多时候，在我们的工作中，决策与想法不在于多么英明，而在于能否执行。尤其是对于领导者，你所制订的计划不管有多么完美，最重要的一点是你的手下人有没有能力完成它。如果这些计划都无法付诸实施，那么仍旧等于没有决策。而对于员工自身来说，你的业绩来源你的实干，而不在于你有多么高深的理论。如果一个人总是停留在“说”上，而不能落实到“做”上，那就只能是纸上谈兵，这样的人绝不会取得什么骄人的业绩。我们都读过《谁动了我的奶酪》这本书，上面的故事发人深思，值得我们反复咀嚼：

很久以前，在一个迷宫里面住着四个小精灵，有两只小老鼠和两个小矮人。为了吃饱肚子并享受乐趣，他们每天都在迷宫里面跑来跑去，寻找一种叫做“奶酪”的食物，据说这种食物黄澄澄香喷喷，好吃极了。终于有一天，四个小精灵发现了一个奶酪站，这里有很多很多的奶酪，够他们吃很多年了。从此，四个小精灵过起了无忧无虑的生活。

突然，有一天，当四个小精灵来到奶酪站时，发现他们的奶酪不见了。两只小老鼠想也没想，穿上鞋子就走了，他们要去寻找新的奶酪，经过努力他们果真找到了另一个有奶酪的地方。但是，两个小矮人却留了下来，他们认为是有人在和他们开玩笑，认为奶酪还会回来。等来等去奶酪也没有回来，于是他们哼哼唧唧，甚至破口大骂。几天后，一个小矮人觉得这样等下去没有意义，还不如也去寻找新的奶酪，于是他也走了，并最终找到了奶酪。只有最后一个小矮人留在原地，不断思考，"奶酪哪去了"，最后饿死了。

这个简单又有趣的故事告诉我们，当事情发生变化时，不同的态度会有不同的结果，小老鼠用最简单的行动获得了新的奶酪，而一个小矮人经过一番心理斗争最后也付诸行动，并找到了奶酪，只有另一个小矮人停留在"思考"之中，没有任何行动，最终饿死。这并不是说老鼠比人更聪明，而是说，**有时候无尽的思考反倒不如简单的行动更能解决问题。**所以，如果你要想把工作做得出色，一定不要吝啬你的行动，与其做一个空头理论家，倒不如做一个实用的行动家。

2 业绩偏爱行动的人

我们总说"做事"，或是说"这事做的好"，如果老板夸我们，他也总是说"做的不错"。所以，事情需要行动，需要真刀真枪地"干"。当我们经过冥思苦想，总结出了一套无与伦比的理论时，通常有两条路：一、是守着这个完美的思想自我欣赏，一段时间之后，思想还是思想，不会有任何收获；二、是付诸行动，把这个完美的思想用行动呈现出来，行动之后，会有意想不到的收获。实际上，工作对于我们来说，也是这样，当你有了好的想法之后，只有设法实现它，这个想法才有意义，你才会有新的业绩。如果你始终停留在“想”上，那就只能是止步不前。而如今职场，正应了那句话，叫做“逆水行舟，不进则退”，你虽然是原地不动，但是有很多人都已经行动起来了。所以，没有行动将会让你落后。

梁克是一家保险公司的职员，但是他生来就不是一个行动者。每遇到一件事，他都要思前想后，有时候一想到别人可能会对他提出反对意见，或是对他的行动不屑一顾，他就变得畏首畏尾，尽管他常常有很多好的想法，但总是由于他不敢行动而最终搁浅了。

更严重的是，梁克总觉得自己的长相不够好，因此从来不敢与客户正面接触，他只能通过电话或是亲友的介绍和客户取得联系。但是不能与客户有一个良好的沟通恰恰是做保险的一个大忌。因此，他的业绩始终排名落后。

无独有偶，在这家保险公司里还有一名推销员，叫陈刚。和梁克不同，陈刚不管什么事情，一定要做出来。虽然来到这家保险公司后，陈刚发现自己是学历最低的一个，但是他始终坚信只要做就会有成绩。于是，他一头扎进工作中，从早到晚埋头苦干。他每天不辞辛苦一个客户一个客户地接触、洽谈，有时候客户对他出言不逊，但是他还是坚持和客户见面，因为只有这样他才能掌握客户的心理，知道用什么样的方法来说服客户购买他的保险。果然，经过半年多的努力，陈刚已经有了好几个大客户，随后陈刚继续脚踏实地地每天跑客户，有时他一天要跑上百公里的路，与十几个客户见面，终于使他的业绩走到了公司的最前端。不久，陈刚就被提升为团队的负责人，一年后，这家保险公司的副经理职位空缺，这个偏爱行动的小伙子理所当然地补了上去。

从这个故事可以看出，只要以积极的态度和实际的行动来对待工作，就不难获得属于我们的“奶酪”，而一味地徘徊、拖延，只会让业绩从你的手中溜走。很多职场人士之所以没有成功，没有业绩，并不是因为他们的才华、智慧和能力不如别人，也不是由于他们没有远大的理想和抱负，更多的时候是因为没有行动，或是犹豫不前，或是觉得不值得做，总之，他们会经意不经意地希望自己能够借助某种“幸运”让自己不需要做就可以成功。但事实上，这种想法是极其单纯和错误的。世界上没有一个伟大的人物是靠想象成功的，他们无不是经过把一件一件或大或小的事情做好而慢慢赢得最终的成绩的。

在现代中国孩子越来越少，人们越来越宠爱自己的孩子。因此，儿童用品和食品市场也越来越火暴。霍正勤和任平既是多年的好朋友，也是一对同行冤家，因为他们都在经营蛋糕店。

一次，霍正勤到任平家里做客，正在他们闲聊时，电视上出现了一个画面：一个小孩不肯吃饭，于是妈妈把一块饼撕成各种小动物，孩子就乖乖地吃掉了。两人哈哈一笑，随即又都看着对方，异口同声地说：“现在的孩子就是有意思，要是把蛋糕也做成各种形状他们一定也会更喜欢。”

随后，两人都开始为这一计划着手，但是任平觉得这样做还是有一定的风险，而且需要新模具，成本会大大增加，于是作罢。但霍正勤却没有停止，他立即开始从模型到包装、价格等进行了全方位的安排，很快各种形状的儿童蛋糕上市供应，并获得非常好的销售成绩。

知道这个消息后，任平拍着自己的脑门说：“嗨，我怎么就没做呢！”

是啊，如果任平也像霍正勤那样果断地采取行动，那么他的经营状况也会大大好转了。很多成功者的成功经历都表明，**当机会摆在我们面前时，只有行动才是抓住机会的唯一方法。**在我们的工作中，“奶酪”总是会存在于某个地方，不管你是否意识到它的存在，它都在某个地方等你去拿。这时，如果你还坐在原地，“奶酪”绝不会自己跑过来，但如果你能够行动起来，即使再慢，你也会离“奶酪”越来越近。

3 高效业绩，赢在立即行动

任何一个老板都不会喜欢做事拖延的人，但是工作中，偏偏就有这样的人，不管什么事情都不能马上行动，总是说“不着急，再等会儿吧”、“明天再说吧”、“一会儿我就去”。拖延其实是一种最具有破坏性的恶性习惯，作为一名员工，任何时候都不要想当然地去计划工作，或是自作聪明地希望工作的完成期限可以按照你想象中的计划而向后拖延。一名得到老板信任和赏识的员工，一定是“今日事今日毕”，有任务的时候没有一秒拖延，立即行动。

有一家公司的老板要出国同外商谈判，他要求一位部门的主管把自己的一切物品都准备好，还特别交代他们要把自己部门的文件用英文打印、装订好，第二天出发前给他。

第二天，各部门主管都早早来到公司准备给老板送行。这时，有人问这位部门主管：“你负责的文件打印好了吗？”这位主管睁着惺忪的睡眼说：“哪有时间啊，昨天晚上熬到两点钟，实在太困了就睡了。反正要用英文撰写，老板又不懂英文，所以我推断他在飞机上是不可能看的。等他登机以后，我回公司去再把文件整理好，然后用电讯传过去就行了。不会耽误正事的。”

正当他们聊着的时候，老板来了，他第一个就找到这位主管：“你们部门的文件打印好了吗？”

“还没有，我昨天晚上实在太困了，我想……”

这位主管把自己的想法和老板阐述了一遍，原本以为老板会心疼他加班太久，没想到老板听到他的想法后，脸都快绿了，大声斥责他说：“怎么会这样？我已经计划好要利用在飞机上的时间，与同行的外籍顾问研究一下自己的报告和数据，等下了飞机就可以直接与外商谈判了！”

一顿批评还不算完，老板一气之下，当众宣部让他停职察看。

实际上，拖延是人的惰性心理的表现。当我们接到一项任务或是做出一项决定时，我们常常会不自觉地给自己找出一些借口来安慰自己，以图在逃避中让自己变得轻松些、舒服些。更可怕的是，如果你心存拖延的念头，你就能找到成百上千种理由为自己的拖延辩护。这种拖延一旦形成习惯，就会消磨人的意志，会使自己变得越来越拖延，越来越犹豫不决。所以，要想进步和向上，要想在你的工作中取得良好的业绩，就一定要和拖延宣战，下决心停止自己的拖延行为，立刻行动；或者你可以将你的手表拨快一分钟，永远以比别人更快、更积极的态度来完成工作。这样，你就能很好地改变自己，让自己取得高效业绩。

有这样一胖一瘦两个穷艺人，他们每天都在街头拉二胡，卖艺为生。因为他们每天都辛勤地拉二胡，所以二胡很快就会被拉坏而不得不购置新的二胡。为了节约开支，他们学会了自己购置材料然后制作二胡，但是其中最为重要的材料“音膜”的价格却在年年升高。原因是二胡的音膜是用蟒蛇皮制作的，而蟒蛇属于珍稀动物，所以蟒蛇皮昂贵，也导致音膜价格居高不下。

两人都说要找一种材料来代替蟒蛇皮，但是胖艺人感觉难度颇大，只在心里想了想，并没有付诸行动。而瘦艺人则不然，他找来各种可能的材料，进行了无数次试验，最后终于找到了合适的材料，那就是将装饮料的塑料瓶子经过软化等多项复杂工艺制成。

由于工序复杂，在试验过程中，瘦艺人的双手被烫伤无数次。但是他研制出的这种经过特殊处理的塑料音膜的音色足以与蟒蛇皮音膜相媲美，还使得制作成本降低了一半。

有一个乐器制造厂商知道后，出重金购买他这项技术，瘦艺人则凭技术入股，成为关键股东。而当年的同伴胖艺人，至今还在街头辛苦地拉着二胡。

无论工作中还是生活中，不要总是去想：要是能实现，那该多好！而是要付诸到行动中去做，而且要立即行动。如果你希望自己以“办事利索”的形象获得老板的青睐，那么就赶快摆脱拖延的习惯，即刻去做手中的工作。只有立即行动，才能将自己从“明日再做”的陷阱中拯救出来。当然，在开始的时候，也许你会觉得“立即行动”并不容易，因为这样你总觉得有些仓促。但最终你会发现，“立即行动”的工作态度会成为你个人价值的一部分。也许你“立即行动”了几天，又恢复到原来的拖延状态，那么这时你不妨吟诵几遍我们的一句古诗：“明日复明日，明日何其多，我生待明日，万事成蹉跎。”

4　善于抓住机会，业绩才会眷顾你

莎士比亚曾说：好花盛开，就该尽先摘，慎莫待美景难再，否则一瞬间，它就要凋零萎谢，落在尘埃。机遇是可遇不可求的，如果你总是等待着机遇能够降临到你的头上，是最不明智的，但是，如果机遇真的来了，那就要善于抓住。一个具有高素质的好员工一定是善于发现机会、抓住机会的人，因为只有这样，他才能在众多的员工中脱颖而出，才能为自己取得最佳的业绩创造条件。

我们都知道，机遇是偶然的，也许是偶然的一次邂逅，偶然的一次任务，偶然的走错方向……总之，就是这样的“偶然”常常会让我们的工作和生活发生翻天覆地的变化。但是，偶然的到来又是没有征兆、没有迹象的，它不会像大雨来临前会狂风大作，也不会像上课那样有预备铃声。它就那样轻轻地来，如果你不曾发现，它当然也会轻轻地走，甚至你连它曾经来过都不知道。

一个阳光明媚的早晨，马越正在街上开着他的出租车，和往常一样耐心地寻找着乘客。这时，有一位穿着十分考究的男人，从街对面的医院出来，向他招手，示意要搭他的车。

马越高兴地把车开了过去，等那位乘客坐好后，马越礼貌地问道：“先生，您去哪？”

“请带我去机场。”乘客说。

马越是个性格开朗又十分健谈的人，每当有乘客坐上他的车，他都会和乘客主动聊聊天，以解除车上的寂寞。

过了一个街口，乘客问马越：“你喜欢开出租车吗？”

这个问题马越不知道自己听了多少遍，这次当然也和之前的回答如出一辙，“很好，我做这个是为了挣钱，不过有时还能遇到一些有趣的顾客，他们会让我觉得很开心。但是如果我能得到一份每月 3000 元以上的职业的话，我就不开出租车了。”

“哦。”乘客轻声地哼了一下。

“我可以问问，您是干什么的吗？”马越问他。

“我在市医院神经科上班。”乘客说。

“医院？”马越心里热乎了一下，因为他想起他正想找一位医院的朋友帮个忙。但马上就到机场了，还说不说呢。马越犹豫了 2 秒钟，还是决定试试看。

马越试着问这位乘客：“我能否冒昧地请您帮个忙？”马越说，“我儿子今年 15 岁了，他是个好孩子，在学校里功课很好，在家里也很听话，绝对不会招惹麻烦。我们想让他今年暑假去参加夏令营，但是他自己却想要一份工作。可是，您知道，现在任何一个地方都不会雇用一个 15 岁的孩子，除非他有人介绍——但是这个我却做不到。”马越停稍顿了一下又说，“如果可能的话，我想请您给他找一份暑期打工的工作，不用有多好，只是为了满足他的这个愿望。”

这位乘客听后，沉默了一小会儿。此时，马越觉得自己真是有点荒唐，怎么能向一位乘客提这样的要求呢？素不相识的陌生人怎么可能会帮这个忙呢？但过了一会儿，乘客对马越说：“好吧，现在医院里的确有一份差使，正好缺一个人。也许他可以去试试，让他把学校的记录寄给我。”

说着，他把手伸进口袋，拿出自己的名片给了马越，然后付了车钱就走了。

那天晚上，马越向全家人讲述了白天的事情，并从衬衣口袋里掏出了那张名片，并对儿子说：“儿子，你可能找到工作了。”儿子接过名片，大声地念着：“王敬一，市医院神经科主任。”

妻子问：“他真是这家医院的领导吗？”

女儿则接着问：“他是好人吗？不会受骗吧。”

马越转过身看着儿子，“你觉得呢，儿子？”

“我也不知道，虽然不一定能成，但我想试一试。”

第二天一大早，儿子就寄去了他的学校记录。但是过了好几天，也没有什么回音，渐渐地马越一家也就将这件事淡忘了。

然而两个星期后，当马越下班回家时，儿子高兴地递给他一封信。寄信人是——神经科主任医师王敬一。信上要求儿子打电话给他的秘书，约好时间去面试。

最后，马越的儿子如愿以偿地得到了那份工作。他愉快地度过了一个难忘的暑假。之后，连续两年他都到那家医院工作，他也渐渐地他爱上了医护职业，干得相当出色。

读完这个故事，也许有人会说这纯粹就是运气。这样说也没错，因为机会就是运气，只是看你能不能发现它，能不能抓住它。如果马越知道这位乘客是医生后，也觉得请乘客帮忙不可能而闭口不谈儿子的事儿，那么这次机会就悄悄走掉了；如果儿子拿到名片后，也觉得人家不会真心帮忙而不把自己的学校记录寄出去，也就不能得到这份工作。所以，这件事可以告诉你，每个人的一生当中，都会遇到很多这样的机会。但是机会往往源于很普通的事情，即使普通得只是发生在出租车上的一次谈话。

5 工作积极主动，一切皆有可能

“天上不会掉馅饼”，这个道理谁都明白。但是真正能够积极主动地去工作、去创造成绩的人却不是很多。我们常常可以看到这样一个现象：一同进入一家公司的两个人，一个人多年如一日地在原来的工作岗位原地踏步，而另一个人却不久就加薪、升职，成为了公司的大人物。为什么会有这么大的差距呢？原因只有一个，原地踏步的那一个一定是出于被动的工作状态，每天茫然地上下班，到了日子领工资，高兴一番或是抱怨一番后，继续茫然地上下班、领工资……对待工作，总是抱着“今天总算过去了，明天老板让干什么再说”的态度，从没有为自己制订一个月计划或是半年计划，没有任何目标；公司的事情，也总是觉得和自己无关，从不操心。而成了大人物的人一定具有积极主动的工作精神，他们会随时准备把握机会，展现超乎他人要求的工作表现，他们总是会在工作中付出双倍甚至更多的努力。

在希伯来上小学的时候，家里很穷，所以小小的希伯来就靠每天清晨给人送报纸来赚取零用钱。当其他的孩子还在梦乡里的时候，他就早早的起床去派发报纸了。

清晨的街头，有许多像希伯来一样赚取零用钱的少年，但是希伯来是他们当中最小的一个，而且他们都有单车，可以骑着单车在街道中呼啸而过，而希伯来却只能靠自己的双腿一家一家地送报纸。

于是有一天他对父亲说：“爸爸，你得给我买辆单车，其他的孩子送报纸都是骑单车的，没有人像我一样靠走的。”父亲听希伯来这么说，看着他说：“小子，我告诉你吧，面包和牛奶是不会自动出现的，那是靠劳动换来的。所以，如果你想要一辆单车，你也得靠你自己努力争取，而不是坐在这里等着我给你！”

希伯来很不高兴，小声地嘀咕说："光靠每天送报纸什么时候才能买到单车呀。"

"那你就自己想办法多赚点钱！"说完，父亲干活去了。

希伯来好像突然明白了什么，于是他利用周末的时间，给邻居们粉刷篱笆或剪草，从而有了另外一些收入。就这样，三个月后，希伯来就拥有了一辆属于自己的单车。

后来，这个小孩凭着积极主动的工作态度成为了美国非常有名的销售大亨，他在描述自己的成长过程时总是这样说："在我很小的时候，我父亲就告诉我一个道理：不管你想要什么，都必须自己主动去争取。"

不要期待任何东西会自动出现，如果你想要，就要自己去争取。在职场上打拼的人最怕像一块木头一样，没有一点活力和积极的态度，上级踢一脚，木头动一下，上级不踢你，你就一动也不动；所有的工作只是照章办事，从来不会在问题恶化前主动解决问题，这种被动的员工，又怎会受人赏识呢？相反地，如果你能让自己成为一个主动工作的员工，凡事在老板之前都解决好，就一定能令自己突围而出。也许你想不到，雷锋其实就是一个非常积极主动的人。

小学毕业后，雷锋放弃了升学的机会，反而回乡当了农民。经人介绍，他在乡政府做了一名通讯员，工作就是传达、接待和内部勤务。

有一天，县委组织部有一名叫黄菊芳的干事来到了乡政府。因为县委机关的通讯员参军走了，现在需要在找一个通讯员来接替工作。她就是来这里物色合适的人选。这一次，恰好是雷锋接待了她。

工作积极的雷锋吸引了黄菊芳的注意。当她问到雷锋的家庭情况时，雷锋主动拿出了他自己写的"苦难的家史，我的理想"的小册子。雷锋悲惨的身世打动了黄菊芳。她进一步了解到：雷锋在乡政府作为一名通讯员，不仅把本职工作干得非常好，还经常主动帮食堂种菜，救助困难户。因此，乡长极力推荐雷锋到县委工作。

雷锋也意识到这对于自己是一个宝贵的机会。他没有坐等，而是自己主动找到黄菊芳，表达了自己的意愿。在黄菊芳的推荐下，雷锋如愿地成为县委机关的一名公职人员。

这是雷锋命运的一个重要转折点。

工作和生活是一样的，要时时保持主动性。这也许会让你比别人付出的更多，但总有一天你会发现，你也收获了更多。因为当你保持工作的主动性，努力工作时，会有上级对你加倍留意；当你积极地帮助同事解决问题时，同事会对你印象深刻。这些都是你创造机会和成功所必须的。

6 手脚勤快的人最受业绩的青睐

手脚勤快，就是要多做事，哪怕是端茶倒水扫扫地，也要让自己动起来。我们常见办公室里，有的人就好像"超人一样"，不知疲惫，不管什么事都很愿意去做，给老板送个文件、和其他部门做个沟通、帮同事打印个资料……也许这些都不是什么大事，但却能从中学习到很多东西。其实，工作的业绩正是从这一点一滴的积累，一次一次的实践中来的。我们都知道"实践出真知"，你坐在那里不动，就无法弄清事情的真相，只有亲自去做了，才会知道各个环节出了什么状况，要用什么方法解决，今后要注意什么。苏联也曾有一句名言，**"懒惰是一种对待劳动态度的特殊作风，它以难于卷入工作而易于离开工作为其特点"。**勤快的反面就是懒惰，对于懒惰的人，绝对不可能获得第一手资料，第一手信息，那么也就不会是第一个发现机会的人。

戴明和王永同时受雇于一家大型的连锁超市，开始时两人一样，都是从最低层做起，每天做一些理货、促销、收银等工作。他们都做的不错，也拿着同样的薪水。但是，两个月之后，情况有了变化，戴明逐渐受到了老板的重用，不仅做了个小头头，还加了薪。王永觉得很不服气，但是他还是照样工作，没犯过什么错误，老板交代的任务也都能准确完成。王永想：我好好工作，把老板交代的事情都做好，应该也会像戴明一样加薪升职的。可是等待了几个月，老板丝毫没有给自己加薪的意思。

王永感到非常地失望，于是，找到老板，把一份辞呈交到了老板的手上，并质问道："我和戴明同时来到这里，做着同样的工作，为什么他升职加薪，而我还是没有变化？我可以毫不谦虚地说，我的工作也没出过什么差错，你交代的事情也一样做得不错。"

老板听着这个小伙子吐完自己的苦水，他知道王永也是个不错的员工，但与戴明比起来，他还是似乎少了一点什么，可是究竟怎么解释呢？自己也不知道。他对王永说："好吧，现在你再帮我做一件事，看看你能做得怎么样。"

"没问题。"王永答道。

"现在我想知道街道对面那家超市里有哪些品牌的方便面。"

王永马上回到自己的办公室打开电脑，由于他知道那家超市已经开通了网上购物，于是通过网络王永很快就查出了那家超市一共有6种方便面，并把方便面的品牌和价格也说了出来。

听着王永的汇报，老板没说什么。这时，戴明进来了。老板说："我们听听戴明怎么说。"

戴明拿出一个小本子，上面详细记录了那家超市出售的6种方便面以及方便面的品牌和价格。然后，戴明又说："刚才我去那家超市，发现他们正在给方便面做促销，买够20元，就可以免费得到一个方便餐盒，所以，很多顾客都在争相购买。而且，虽然"买够20元"的活动不限品牌，但是我发现很多顾客还是对某某品牌十分信赖。他们还在现场给顾客准备了试吃，每一份不到一次性水杯的四分之一，花销并不大。也许我们也可以试试。”

此时，老板转向王永：“现在你该知道为什么戴明的薪水比你高了吧。”

其实，王永也没有什么大错，但是他就常常比戴明少跑一趟。不过是多走几步路而已，但是却会让你工作发生很大的变化，也更会让你的老板对你刮目相看。有人做过一些调查，结果令人吃惊。他们发现成功的人与平庸的人在智力上往往相差无几，但在所做的努力却总有那么一点点的差距，成功的人更喜欢亲自去看、去做、去体验，而平庸的人却总觉得只要做了就行了，何必亲自跑一趟呢？但最后的结果常常是，谁能多走一步，谁就能得到千倍万倍的结果。

杜洁是一家公司的打字员。有一天，临下班前部门经理交代杜洁的一个同事把一份资料送到另外一个部门，但是这位同事着急回家过周末就请杜洁帮忙送一下。杜洁笑了笑说：“好吧，懒家伙，我替你送。”

可是，当杜洁把资料送过去后麻烦来了，那位部门经理说：“能帮我个忙吗？我急需一名打字员。”杜洁还是笑了笑，坐下来帮助那位经理完成了工作，她觉得把工作做好可比过周末重要。事后，那位经理问杜洁要多少加班费。杜洁开玩笑说：“我不想要加班费的，可是您耽误了我去看一场演唱会，要知道那门票可要300块钱呢，你就付我这个门票钱吧。”

杜洁丝毫没有把这事放在心上，但两个星期后，那位经理让人送来一个信封，里面除了300元钱还有一封邀请函，这位经理邀请杜洁做他的秘书，他说：“一个宁可放弃看演唱会也要把工作做好的人应该得到更重要的工作。”

其实，每一个人都知道“手脚勤快”有好处，关键看你是否去做。工作中有许多地方都需要我们勤快一点，哪怕只是接听一个电话、送一份资料、擦一下桌子，也许这与你的工作不相干，但却会让你离成功更近一步。

7　在执行过程中完善自我

在现代企业中，人们越来越看重那些在"低头拉车"的同时，还懂得"抬头看路"的人，因为只有这样才不会走弯路，才能让事情办得更好、更快。有不少人总是困惑，觉得自己工作很努力，从不偷懒，从不发牢骚，可是为什么自己就是做不出业绩来呢？这种人就是只懂"低头拉车"的人，要知道，任何时候我们都不能满足于现状，一味地"低头拉车"，不求自我更新和完善，就会阻碍我们百尺竿头更进一步。当然，一个停滞不前，甚至连车也不拉的员工，是永远都不会得到老板赏识的，如果在"拉车"的同时，还知道抬头，把眼光放在远处，能够自我鞭策、自我锤炼、主动进取，老板自然会从内心接纳你、欣赏你并认同你。

20世纪40年代，有一位妇女走进了纽约的一家银行。但让人意想不到的是，她要求贷款1美元。银行经理回答："当然可以，不过这同样需要您提供相应的担保。"

"那么，50万美元够吗？"

"当然够，只是……"银行经理觉得很奇怪，但还是交代手下给这位妇女办理她贷款1美元的手续。

只见这位妇女从皮包里拿出一大堆票据说："这些是担保，一共50万美元。"经理看着票据说："您真的只借1美元吗？"妇女说："是的，只要能让我提前还贷就可以。"经理说："没问题。这是1美元，年息6%，为期1年，可以提前还贷。到时，我们将把您提供的所有票据还给你。"

虽然心存疑惑，但由于这位妇女的贷款没有违反任何相关的规定，经理只能为她办理了贷款手续。当妇女在贷款合同上签了字，接过1美元转身要走的时候，经理忍不住问道："我真的很想知道，您担保的票据值那么多钱，为何只借1美元呢？"

妇女坦诚地说:“是这样的,我必须找个保险的地方存放这些票据。但是,你知道租个保险箱花费可不少,不如放在您这儿既安全又能随时取出来,一年只需6美分。”

经理恍然大悟……

当你一直在做着某项工作,你很可能会有轻车熟路的感觉,这时那些原有的经验就主导了你的前进方向,这是好事,就算你只管“低头拉车”也不会有什么差错。但时代在变革,我们遇到的问题也总是在不断的变化,如果我们还总是守着旧的方法不松手,又怎么能解决新的问题呢?察觉不到变革的人终将会被处于变化中的社会所抛弃,而那些能够跟随变革而不断完善自我的人才能够避免落在时代的后面。既能孜孜不倦,又能时时改变才能处于不败之地。

文清开糕点店已经有一年了,上半年经营的不错,可是下半年常常一天也不见顾客的身影。虽然他们夫妻两人总是起早贪黑,把店里店外收拾得干净利落,蛋糕也一如既往总是选用最好的原料,可是生意一直冷冷清清。有一天,文清对丈夫说:“我觉得我们不能再这么干下去了,一定是什么地方做的不够好,所以才没人来买。”

之后有一周的时间,文清都没有在她的店里干活,而是跑到镇上看看其他的蛋糕店有没有什么经营的秘诀。

她先后跑了十几家蛋糕店,但是她发现大家的经营状况和自己差不多,她心里稍稍安慰了一些,觉得这可能是因为现在经济不景气,而且蛋糕店又很多的缘故。但是文清觉得这几天的工夫算是白费了。但是,当她走进第十七家蛋糕店时,却出现了一个状况。

在那家蛋糕店里,文清碰到一个给老公买生日蛋糕的女人。当蛋糕师傅问她想在蛋糕上写什么字时,女人嗫嚅了半天才红着脸说:“我想写上‘亲爱的,我爱你’。”

文清一下子明白了女人的心思,她不过是想写一些亲热的话,只是不好意思开口。文清一下子意识到了什么,她想:有这种想法的客人肯定不止一个,而现在几乎所有的蛋糕店都要问顾客想写什么,为何不尝试让顾客自己写呢?

回到家后,文清立刻和老公商量:“让顾客自己在蛋糕上写祝福语,技术他们来教。而且他们还特地设置了一个儿童区,让孩子们也可以试着做蛋糕。”之后,他们印了一些宣传页。

没想到广告一出,立马顾客盈门,接下来的一周,顾客比平时增了两倍,很多顾客并不是真的需要生日蛋糕,因为祝福语可以自己写,所以当他们有什么不好意思说的话时,就可以用这种浪漫的方式表达出来。还有一大批顾客是孩子,家长都愿意带着孩子到这里来体验做蛋糕的乐趣,而临走也多会买上一些小点心。从此店里的生意蒸蒸日上,客户量像奇迹一样增长。

这个故事可以让我们领悟到一个道理:**埋头苦干固然重要,但是停下来思考一样不可缺少。**在我们的工作中也是这样,老板固然喜欢埋头苦干的员工,但是如果你总是只顾埋头苦干,而不能继续进步,那么早晚会被淘汰。所以,在你认真执行每一项任务的同时,还要不时地看看,究竟自己什么地方还不够好,然后加以改进,这样在老板的心目中才会是不可替代的那一个。

8 老板不在,要做得更好

小时候上自习课时,老师临出教室门前最爱说的一句话就是:“同学们要好好写作业,要做到老师在和不在一个样。”那个时候我们真的会像老师说的那样,老老实实地写作业,直到下课。但是到了工作中就不一样了,很多人都是老板在的时候表现的积极肯干,但只要老板走出办公室就立刻变了样,要么小睡一会儿,要么玩会游戏,要么找人聊天……总之,不能安心工作。

其实，老板不在的时候，首先考验的是你的忠诚，这能很好地看出你是否忠诚于工作、忠诚于公司、忠诚于老板，这也是一个员工最起码的品德。所以，许多老板宁要一个才华平平，但忠诚度高、可以信赖的员工，也不愿意用一个才华横溢，但却总在打自己的小盘算的人。现在工作压力大，许多人觉得老板不在是自我放松的好时候，每天都把自己绷的紧紧的，终于熬到老板出差了，一定要给自己放个小假。但是你有没有想过，老板在与不在，对于自己而言，对于工作而言，其实是没有多大区别的。

王军是一家办公用品公司的销售部经理，由于最近公司研制出了一款最新的打印设备，正在准备开展大规模的广告宣传，为争取更大的市场份额，对经销商的让利幅度也非常大。王军决定在媒体大量宣传报道之前同信誉与关系都比较好的A、B两家经销商敲定首批的订量。

但不巧的是，当他来到A公司的时候，他们的老板不在。当他提起即将推出的新品时，一位负责接待他的员工冷冷地说："对不起，我们老板不在！我做不了主！"

王军继续把他们准备如何做该款新设备的宣传，有多大的优惠等向这位接待人员讲解，试图得到他的回应。但是，那个接待人员根本不听他的解释，只用非常简单的一句话："老板不在！"

王军没有办法，只好悻悻地走了。

他来到B公司，不巧的是，这家公司的老板也不在。有了上次的经验，王军觉得八成也没戏。但他还是想试一试，看能否说服接待他的人。

让王军感到意外的是，这位接待人员对他非常热情，还为他倒了一杯水，并主动介绍了自己的情况。王军向她说明了来意，她以自己刚刚学到的营销知识，敏锐地感觉到这是一个不可多得的商机，无论如何不能因为老板不在就让它溜走。她立刻给老板打电话沟通，并最终商定预订3000台。

结果很清楚,B公司的员工在老板不在的时候,那位接待人员没有让机会溜走,为公司促成了一桩生意,这款产品在整个S市市场上只有该公司一家经营,不到一个月3000台的打印机就销售一空,公司净赚了6万多元。而A公司的员工却因为老板不在而丧失了很好的商机,等老板回来想订货的时候,已经失去了获得厂家促销期的优惠待遇,利润自然大打折扣。

王军后来把自己在A公司的经历也告诉了B公司的老板,老板感到非常的欣慰,因为他的员工把公司的事情当作自己的事情。为此,他不仅在公司大会上表扬了这名员工,还对她进行了奖励,鼓励她继续把公司的事情当成自己的事情做。

一个优秀的员工必须深刻地意识到:老板不在是对自己最大的考验,更应该摆正自己的心态和位置,更应该秉持一贯的敬业与勤奋,决不能因为脱离了老板的监督就懒散放任,这是一个优秀员工必备的品质之一。其实,对老板的忠诚就是对公司忠诚,也是对自己忠诚。否则,不但不会得到老板的信任与重用,因为人格与品质的缺陷,这样的人也很难在社会上找到自己的立足之地。

另一方面,老板不在其实也是对自己毅力的考验。有的人总是需要有人在后面鞭策才能快跑,一旦身后没有鞭子就松懈下来。这样的人很难成就大事。爱迪生曾经说过这样一段话:伟大人物的最明显标志,就是他坚强的意志,不管环境变换到何种地步,他的初衷与希望仍不会有丝毫的改变,而最终达到期望的目的。老板不在就自我放松的人绝对是没有毅力的人,这种人无法约束自己的行为,常常因此而降低工作效率。试想一下,当老板不在的时候,整个办公室的人都在"放松",而你在兢兢业业地工作;当老板回来时,发现所有人的任务都没有完成,只有你一人完成了,那么老板会对你抱有一种怎样的心情。再想一下,当老板不在的时候,同事们都在认认真真一如既往地工作,只有你无所事事;而当老板回来时,所有人的任务都完成了,只有你差那么一点点,老板又会对你抱有怎样的心情。所以,老板在与不在,你都要认真地工作,踏实地工作,真正做到老板不在也能做好，甚至做得更好。

9 付出多多，回报才会多多

“种瓜得瓜，种豆得豆”，这是我们古已有之的一句话，但却很直白地告诉我们一个道理：我们在“播种”的同时，也种下了自己的将来；你所做的一切都会在将来的某一天、某一时间、某一地点，以某一种方式在你最需要它的时候回报给你。很多人总是埋怨公司的福利待遇不理想，总觉得自己的老板抠门儿，不舍得给人加薪。但他们从来没有想过自己是否真的为公司创造了价值？即使创造了，那么你创造的价值是多少呢？这种不愿付出却又指望得到高回报的思想，永远不可能得偿所愿。在现在市场经济条件下，任何企业都具有盈利的性质，任何企业都要服从一个基本的“投资——回报”的原则，换句话说，公司在考虑支付员工报酬的时候，必然要权衡员工对公司的劳动付出以及他为公司所创造出来的价值。虽然这样的原则似乎有点不讲人情，但这就是事实，没有任何一家公司愿意请一个不会创造价值的员工每天来领工资。所以从这个意义上说，不管你在什么工作岗位，不管你做到了哪个级别，如果想要得到更高的报酬，就必须要为公司创造更大的利润。毕竟“天下没有免费的午餐”。

从前，有一位国王，他爱民如子，在他的领导下，全国人民丰衣足食，安居乐业，国家强盛，从来没有外敌敢来骚扰。

但是深谋远虑的国王担心在他死后，他的子民还能否过着幸福的日子。于是他召集文武百官命令他们找到一个确保人民生活幸福的永世法则。

文武百官经过三个月的努力，把三本十寸厚的帛书呈给国王说：“陛下，天下的知识都汇集在这里，只要人民读完它，就确保他们生活无忧了。”

国王命令他们继续钻研，因为他知道不可能每一个老百姓都会花那么多时间来看书。

又一个月后，百官把三本简化成一本。国王仍旧不满意。

又一个月后，他们把一张纸呈给国王。国王看后非常满意："很好，很好。"说完后便重赏了百官。

原来这张纸上只有一句话：天下没有不劳而获的东西。

这句话就和我们常说的"天下没有免费的午餐"是一样的道理，人人都知道天底下没有那么好的事情可以不劳而获。如果你想要变得富有，就得付出你的辛劳。但遗憾的是，即便是在工作中也还有许多人不愿意做事，却梦想着加薪和升职。只知道报怨公司，却不反省自己的问题，他们整天应付工作，并发出这样的言论："何必那么认真呢?""差不多就行了。""现在的工作只是个跳板，那么累干什么?"结果，他们失去了工作的动力，不能全身心地投入工作，更不能在工作中取得斐然成绩，当然也就失去了本应属于自己的升迁和加薪机会。其实，每个老板都是精明的，你所付出的和你所得到的不会有太大的差距，至少在你的集体内，如果你付出的最多，那么你得到的也会最多。

杨小强在一家汽车修理厂当修理工，但他似乎总是不如意。从进厂的第一天起，他就不停地发牢骚，说什么"这活太脏了，瞧瞧我身上弄得"，"真累呀，我简直讨厌死这份工作了"……每天，杨小强都觉得这份工作让他苦不堪言，觉得自己像奴隶一样卖苦力。因此，杨小强时常窥视着老板的眼神与行动，一有空隙，他便偷懒耍滑，应付手中的工作。

几年过去了，与杨小强一同进厂的其他三名员工，都各自凭着自己的手艺，或另谋高就，或被公司送大学进修了，只有杨小强仍旧在抱怨声中做他的修理工。

无独有偶。马建也只是一家汽车公司的小工人，起初他像大多数人一样，对于工作很漫不经心，直到有一天听了父亲的一句话："你不可能在没有付出的情况下就得到你想要的一切。"马建开始转变了。他开始不计辛苦地向一些老技术工人讨教，当他知道一部汽车大约要经过13个部门的合作才能出厂时，他当时就想：无论付出多少辛苦，我也要把这个流程弄懂。于是，他主动要求成为能为各个部门打零工的最基层的杂工。

杂工不是正式工人，没有固定的场所，哪里有零星工作就要到哪里去，是这家公司里最苦最累的人群。但是马建一直牢记父亲的话，没有付出就不会有得到。通过这项工作，马建对各部门的工作性质都有了了解。他先学会了制椅垫，又申请调到电焊部、车身部、喷漆部、车床部……不到五年，马建几乎把这个公司各部门的工作都做过了。

现在马建对各种零件的制造情形都了如指掌，厂里没有一个人能够像他一样。这一切老板是看在眼里的，马建也顺理成章地被提升为车间领班。

我们可以看到，故事中的两个人刚开始的境遇是何其的相似，但结果却是天壤之别，究其原因就在于杨小强除了报怨没有付出任何努力，而马建却付出了比别人多得多的汗水，也正因为如此，机会就自然而然地降临在他的头上。看来，只知报怨而不努力去做，是于事无补的，只有真正的付出后才能得到自己想要的辉煌。“没有耕耘就没有收获，没有付出就没有回报”，这是一条千古不变的真理。

10 抓住关键，直冲业绩

俗话说，“打蛇打七寸”，意思就是说打蛇就要打蛇致命的地方，因为“七寸”是蛇心脏的所在处，一旦受到致命的重伤，自然必死无疑。我国唐代著名诗人杜甫的《前出塞》中说：“射人先射马，擒贼先擒王。”这与“打蛇打七寸”的说法有异曲同工之妙，是说要想打垮敌军的主力并不一定要把所有的敌军都杀死，而是要最先把他们的首领干掉，这样解决了关键人物，其他的士兵也就失去了战斗力，问题就迎刃而解了。但遗憾的是，在工作中有很多人一天到晚忙得脚不沾地，但是却常常把最关键的问题忽略了。

于晓莹是一家模特公司的业务代表，负责在各大院校或者街头寻找具有潜力的新人。有一段时间，一位来自美国西岸的年轻姑娘很受于晓莹的赏识，这个姑娘无论是面容，还是身材都是绝佳的模特坯子，所以于晓莹决定把她包装成一流的模特。

为此，于晓莹十分用心，每天即使自己工作 12 个小时，依然不忘时时打电话到给这位新人，询问这位选手的训练情况。当这名模特到欧洲参加比赛时，于晓莹也会借出差之便，抽空去探望，而且每次于晓莹都会细心地为她打理好一切。甚至有好几次，为了能让模特有一个好的状态参加比赛，于晓莹竟然连续几天没合眼，忙着飞来飞去，为这位模特跑前跑后。

有一次，于晓莹为这位模特报了名，想让她参加世界选美比赛。按照原定的日程，于晓莹并不需要出席这项比赛，但是看着自己一手发掘的新人就要大放异彩，于晓莹还是设法说服了主管，赶到了现场。主管看于晓莹如此用心，只得勉强答应，但前提是出发前把所有的事情都要处理完毕。能够让自己去参加这项比赛，于晓莹开心极了，她连续四天加班熬夜终于在出发前完成了工作。

此时的于晓莹就如同一位保姆一样，把模特需要参赛的所有物品都准备的妥妥当当，有时候模特问于晓莹什么东西带了没有，于晓莹总是笑着说："放心吧，我都准备好了。"比赛设定在晚上，于晓莹整整一天都没有吃东西，跑东跑西为比赛做准备。在离比赛开始两小时时，选手们都到了后台化妆间，在为这位模特化妆时，于晓莹细心地观察，生怕有一点瑕疵。在距离比赛还有半小时时，参赛选手都换上了服装。当于晓莹要拿服装让这位模特换装时，她傻眼了，自己忙了这么多天，竟然把模特最关键的东西——服装丢在了距离她们 50 公里外的宾馆里。没有办法，于晓莹和模特只得从其他选手备用的衣服里借了几套。但由于不是量身定做，所以这位模特穿起来根本就没有美感可言。最后的结果是，在评委们的诧异和观众们的哗然声中，模特输掉了这场比赛。

在工作中，也不乏像于晓莹这样的人，他们整天忙忙碌碌，但总是找不到问题的关键。所以，业绩也从不青睐于他们。其实，只要静心想一想就可以知道，无论什么事情都会有一个关键点，或是关键的时间、关键的地方、关键的人物……只有抓住这些关键，成功才能来得更快。

秦始皇的父亲即秦庄襄王，名子楚，在即位之前曾一度是赵国的人质。但是，这样的地位，他是怎样当上太子后来还做了皇帝呢？这里有一个关键人物——吕不韦。吕不韦当时在邯郸做生意，他认为这个不起眼的子楚正是他日后发财的宝贝。于是他就前去拜见子楚，说："我是来帮你光大门户的。"

子楚虽然落魄，但毕竟也是皇子，于是轻蔑地笑道："你一个小商人何德何能，先光大你自己的门户再说吧！"

吕不韦说："我光大门户还要靠着您呢。"子楚听出了弦外之音，但子楚觉得这简直是痴心妄想。

但吕不韦天生具有一种本领，他分析了一下当时的局势，立刻发现了问题的关键在一个人身上，这个人就是华阳夫人。于是吕不韦说："现在安国君已经被封为太子，将来则继承王位。但你们兄弟众多，你又长时间在外做人质。一旦安国君继位，你被立为太子的机会很小。"

子楚说："那我该怎么办呢？"

吕不韦又说："我听说安国君对华阳夫人宠爱有佳，但华阳夫人却没有自己的孩子。所以，华阳夫人才是决定立谁做太子的关键。所以，你一定要讨华阳夫人的欢心才可能成为太子。"

子楚连连叩谢说："如果真能成功，我愿与你一同分享秦国的土地。"

后来，在吕不韦的资助和运筹下，子楚终于成了华阳夫人最宠爱的皇子，在华阳夫人的建议下，子楚果然当上了太子并最终继承了王位。

吕不韦就是找到了问题的关键，并把关键搞定，这样整个事件就顺畅了。其实，在我们的工作中，如果能够找准关键点，那么做起事来就一定能够事半功倍；但如果做事总是没有关键、没有重点，“眉毛胡子一把抓”，工作起来当然就是事倍功半。因此，在工作中，当一项新的任务分配给你的时候，先别急着着手干，不妨先看看哪里是关键，哪里是重点，这样做起来就会有的放矢，当你把关键的问题解决好以后，其他的次要问题往往也就很顺利的过关了。

第六章　带着思想工作，用智慧赢得业绩

带领蒙牛集团取得了惊人成绩的牛根生，经常向员工们强调这样一个理念："一两智慧胜过十吨辛苦。"成功者之所以成功，除了他们比一般人勤奋外，还比一般人更善于运用智慧！我们并不比祖先们勤劳，但我们现在的生活却比他们好上千百倍！历史证明，智慧才是最宝贵的。

1 问题等于机会，危机亦是良机

在日常的工作中，总难免会出现这样或那样的问题，这些问题一个接一个，像一座座山一样压在心头，让人呼吸困难。于是，有人就开始发牢骚，有人开始恐惧，也有人很快就向问题屈服了。但实际上，工作中有问题并非都是坏事，只有不断地出现新问题，然后不断地解决问题，才能不断地提升自己。而且，很多时候这种工作中的“甲流”也许正是最大的机遇。所以，如果你真的遇到了这种工作“甲流”的话，不要抱怨和放弃，应该意识到它就是你的机遇，你的工作和生活的转折点，一定要想尽办法把它解决好。松下幸之助曾经说过：“自古以来的伟人，大多是抱着不屈不挠的精神，从逆境中挣扎奋斗过来的。”

国内一家著名的洗衣机公司有一位年轻的工程师，名叫韩利民。

一年夏天，韩利民想利用自己休假的时间把家里重新装修一番。这天，他来到一家器材行去购买木料。正当他等待切割木料时，无意中听到有人在大声地嚷嚷，他仔细一听，原来是有人在抱怨自己公司的服务差极了，还说以后再也不会购买他们的产品了。那个人越说越起劲，后来竟然有十几个店员都围过来听他讲。

作为公司的一员，韩利民感到心里很不是滋味，于是走上前去说道：“对不起，先生，我刚才听到了您对这些人说的话。我就是这家公司的员工，如果您能给我一个机会的话，我愿意帮您改善这种状况，我向您保证，我们公司一定可以解决您的问题。”

那些人的脸上都露出了惊讶的表情，因为韩利民当时并没有穿公司的制服，所以他大可以置之不理，何必自己找难堪呢？但是韩利民却丝毫没有回避问题，他和那人做了简单沟通后，立刻走到公用电话旁,打了个电话回公司,说明了刚才的情况。然后公司立即派出修理人员到那位顾客家中解决问题,直到顾客满意为止。

韩利民回去上班后,又特意给那位顾客打了一个电话,确定他对一切都满意后,还额外给他延长了两个礼拜的保修期,并且为公司给他造成的不便致歉。

老板知道这件事情后,对韩利民大加赞扬,并号召公司全体员工向韩利民学习,韩利民之后也成了这家公司最年轻的领导。

其实,当时韩利民有好几种选择。那个时候,他正在休假,而且还有其他事情要做,他大可以置若罔闻。可是,韩利民看到问题并没有躲避,而是把问题解决好。这样一来,公司的信誉受到了很大的保护,老板自然也不会亏待他。有些人总是习惯见问题就躲,认为"多一事不如少一事",有的员工还自作聪明,一遇到问题就找领导,让领导去处理,这种"孩子哭抱给娘"的做法是严重地不负责任,虽然自己暂时躲过了困难,但是这样一来你遇到的问题只会越来越多,最终也只能导致你因无法面对工作中所有的问题而落荒而逃。其实,职场输赢的关键并不在于遇到多少问题,而是在于对待问题的态度。

迈克尔是平安饮料公司的业务员。有一次,他出差返回时遇到了意外,他所乘坐的飞机被恐怖分子劫持了,飞机被迫降落在一个临时机场上。这一突发事件引起了社会各界人士的震惊,警方立即全力投入了营救。警方与恐怖分子经过两天两夜的谈判,恐怖分子终于缴械投降。

被解救的乘客几乎个个都心有余悸,只想快点逃离机场。但迈克尔却想:厄运往往是座深不可测的宝藏,危机常常就是良机。我应该利用劫机事件的轰动效应为公司做些事情。他灵机一动,想到一个颇为满意的主意,立即请飞机服务员找来了纸和笔。

迈克尔走出飞机时高举着两张标语牌:一张写着"豪泰集团

生产平安牌香槟";另一张写道"为庆贺平安,请用平安牌香槟干杯!"

机场上云集着敏感的媒体记者。他们见此独特的情景,全都纷纷将镜头对准了迈克尔,有的还不住地问他为什么这么做,请他谈感想、讲体会。迈克尔说了一句被媒体广为宣传的话:"机遇有时就在危机之中。"

几乎所有看到电视和报纸的人,都深深地记住了用"平安牌香槟"来"庆贺平安",之后"平安牌香槟"一下子名扬四海,销量大增。

集团总裁得知此事后,立即作出决定:"将迈克尔破格提升三级,直接分管营销工作,另加奖金万元!"

能像迈克尔一样遇上这么大的问题当然是极少数的情况,但我们的工作中却时时刻刻都能遇到各种各样的问题。如果你总是对问题抱着抱怨的态度,或是牢骚,或是逃避,那么机会一样会随着问题的减少而减少;但是如果遇到问题时你总是想办法解决,那么每遇到一个问题,对你都是一次提升、一次完善,而无论是公司的问题,还是自己的问题,只要遇见,就竭尽全力解决好,这才是最智慧的工作态度。

2 换个思路,柳暗花明

当你满怀希望踏上一条寻找未来的路时,却发现中间有一堵墙,切断了你通向成功的道路,这时,是不是还要继续走下去,直到"撞到南墙"呢?当然不是。这时最好的做法就是换一条路。如果你明明知道无法推倒这堵高大坚实的墙,却仍要向前走,那么除了碰壁,甚至头破血流之外别无结果。但如果你能够及时转换方向,就可能会出现"柳暗花明又一村"的景象。

1952 年前后,日本著名的东芝电气公司曾一度陷入困境。

他们积压了大量的电扇卖不出去,7万多名职工生存都成了问题。

为此,董事长石坂召开了职工代表大会,在会上,他说:"现在我们的电扇大量积压,虽然销售部门十分卖力,但成果还是不明显。当然,这可能与现在的大环境有关,但是如果再不能增加销量,公司就只有倒闭,大家也只有等待失业了。所以,现在需要我们所有的职员都开动脑筋,找出一个能增加销量的方法,如果谁能够提出有效的方法,一定重重奖励。"

所有的职工为了打开销路,都费尽心机地想了不少办法,有的说改变大小,有的说改变形状,有的说要改进质量……很多天过去了,但依然进展不大。

有一天,一个小职员找到了董事长石坂,并说了一句话:"董事长,我们为什么不能把电扇做成彩色的呢?我每天看着这些黑乎乎的电扇,心情很压抑,如果做成彩色的,我想大家一定会喜欢的。"

在当时,不仅东芝公司的电扇是黑色的,全世界的电扇都是黑色的。但人们似乎从来没有意识到这个问题,经这个小职员一说,石坂董事长觉得非常有道理。于是,他马上召集会议,经过研究决定,公司采纳这个建议。

第二年夏天东芝公司推出了一批浅蓝色电扇,顾客觉得如获至宝,市场上还一度掀起了一阵抢购热潮,几个月之内就卖出了几十万台。此后,在日本,以及在全世界,电扇开始变得五颜六色了,而不是一副统一的黑面孔了。

就像那位职员说的一样"为什么不能把电扇做成彩色的呢",谁说电扇只能是黑色的呢?他只是转换了一下思路,只是让电扇改变了一下颜色,大量积压滞销的电扇,销售一空。可是,为什么东芝公司其他的几万名职工就没人想到、没人提出来?为什么全世界成千上万的电气公司,以前都没人想到、没人提出来?这显然是因为,第一台电扇是黑色的,第二台是黑色的，第三台也是黑色的……这样的惯例、常规、传统，反映在人们的头脑中，便形成一种习惯心理、思维定式。时间越长，这种定式对人们的创新思维的束缚力就越强，要摆脱它的束缚也就越困难，就越需要更大的努力。东芝公司这位小职员提出的建议，从思考方法的角度来看，其可贵之处就在于，他转变了“电扇只能漆成黑色”这一思维定式的束缚。

有一家大型的制鞋企业为了开辟新的市场空间，决定到一个岛屿上做市场调查。他们派去了甲、乙两名调查员，当两个调查员到了岛上一看，觉得非常奇怪，这个岛屿上的居民竟然没有一个人穿鞋，从国王到贫民、从村姑到贵妇，全部都是光着脚走路。当他们向当地的居民说到鞋子的时候，这些居民似乎根本就不知道鞋子是什么，更不知道为什么要穿鞋子。

甲说：“天啊，这里竟然没有一个人穿鞋子，看来他们根本就没有穿鞋子的习惯，而且这里的土地这样柔软舒适，鞋子的确没有什么作用。我们还如何把鞋子推销给他们呢？这里根本就没有市场，我们明天就回去吧！”

但是乙却说：“我觉得这简直太好了！这里的人都不穿鞋，这是一个多么大的市场啊！我不但不会回去，还要把家搬来，在这里长期住下去！请你回去让老板多生产一些鞋子吧。”

于是，甲离开了，而乙则留了下来。

一年之后，整个岛国上的居民都穿上了鞋子，而乙自然就成了这个岛屿唯一的一名代理商。

事实上，很多看似行不通的事情，如果你能够换一种思路去想，就能够峰回路转。工作中的事情也是一样，当你觉得一项工作看起来有些不可思议时，就不妨换一种想法重新审视一遍；或者当你用一种方法做一件事而无论如何也做不好时，也应当换一种方法。有人说，做事需要执著才能成功，没错，当你的目标、你的方法都准确无误的时候，你不言放弃就是执著；但是，当你明知道无法完成而又绝不撒手时，就是固执。成功当然需要执著，但是必要的时候更需要灵活。爱迪生为了寻找灯丝的材料，曾进行了1000多次实验，有人嘲笑他说："用了1000多种材料，还是没有成功。"但爱迪生却自豪地说："我已发现了有1000多种材料不适合做灯丝！"这就是思路的不同。有时工作中遇到挫折，也不妨换个思路来思考问题，这时你会发现自己的心情豁然开朗，一定也会有"柳暗花明"的感觉。

3 学会创新，业绩不请自来

福特公司创始人亨利·福特曾说过："不创新，就灭亡。"的确，在市场竞争激烈、产品生命周期短、技术突飞猛进的今天，不创新，就会灭亡。不仅企业需要创新，对于身在职场的人们同样也需要创新，需要不断突破，不断打破常规，才能有更多的进步和业绩。有些人可能常常得意于自己多么多么地有经验。实际上，当一种经验主导了你的前进方向时，是好事也是坏事。说好事是因为经验可以让你免于摔得鼻青脸肿，说坏事是因为经验常常会扼杀你的创新思维。成功者既会汲取，又懂得创新，他们是"温故"而"知新"的人，是那些懂得创新、懂得一步步爬上台阶的人。

1950年，年轻的皮尔·卡丹用自己仅有的一点积蓄在浪漫之都巴黎租了一间简陋的门面房，并挂上了一个不起眼的牌子——"皮尔·卡丹时装店"，他的服装店算是正式开业。由于他设计的服装总是新颖独特，卡丹很快就成了巴黎小有名气的服装设计师。

在1953年，他举办了第一次女式时装展示会，获得了很大的成功，皮尔·卡丹的名字也赫然醒目地出现在各家报纸上。卡丹觉得男装也应该举行一次展示会。但在当时男性时装根本没有市场，不过卡丹还是突破传统的束缚，在1959年举办了一场以男装系列为主的时装展示会。然而，他的异想天开却遭遇了同行的大肆指责，他本人也被赶出了服装业的"顾主联合会"。

卡丹并没有因此而灰心,他依旧大胆创新,设计了具有强烈时代感的"P"字牌服装,这些时装生气勃勃,豪放洒脱,非常适合当时追求个性、喜欢张扬的巴黎青年。卡丹的"P"字牌服装立刻赢得了挑剔的巴黎顾客的青睐,演艺界名流、社会上层人士都成了卡丹的主顾。

人们在总结卡丹时说,他一直都是法国时装界的"先锋"派人物。他的时装突破传统,追求创新,因而一直都能独领风骚。对于创新,卡丹也曾风趣地说:"创新就是挨骂。我的每一次创新,都被人们抨击得体无完肤。但是,紧接着他们就跟我学……"

虽然卡丹成功了,荣誉和效益始终都在他的头顶闪耀着光辉,但他并没有按部就班地走下去。他想的是:单纯依靠明星的模式必将走向死亡,必须尽早走进"大众化时装的时代"。

1961年,卡丹首次设计并批量生产流行服装,一举获得成功。

直至20世纪七八十年代,他的许多时装,被推举为最创新、最美丽和最优雅的代表作,并3次获得法国时装的最高荣誉奖——金顶针奖。

但是,在现实的职场中,我们有太多的人总是在一种被束缚、被阻碍的不良环境下,固步自封,不求进取,日复一日,年复一年重复着自己的工作,虽然不曾出错,但也不曾进步。职场就像战场,你不去创新,总会有人创新。当我们羡慕那些有着杰出表现的同事,羡慕他们得到老板器重的时候,我们一定要明白,他们的成功决不是来自于一年到头重复同样的工作。他们之所以有业绩,很大程度上取决于他们勇于创新,勇于尝试新的方法,因为创新是提高效率,争取更高业绩的最佳方法。

有个木匠,深得自己祖上的真传,造门的手艺十分精湛。他曾给自己家造过一扇门,这门用料实在、做工精良,看起来非常好。

但是后来,门上有一颗钉子断了,掉下一块板,木匠就找出新钉子将板补上,门又完好如初。后来钉子掉了,木匠就补上钉子,门板朽了就换上门板,门栓损了,换上门栓……若干年后,这个门虽然多处破损,但仍坚固耐用。木匠对此甚是自豪,心想:幸亏有了这门手艺,不然门坏了还真不知道该怎么办。

有一天木匠去邻居家办事,发现邻居家的门不仅质地优良,而且样式新颖,而自己家那扇又老又破门顿时显得不堪入目。木匠很是纳闷,但又禁不住笑了:"是自己的这造门手艺让自己家的门破旧不堪的啊。"

掌握一门技术固然重要,但事物总是在不断地发展着的,只有不断创新,不被禁锢,才能不被淘汰。遗憾的是,我们有很多员工总是觉得工作中不要出错就好,搞什么创新啊,万一失败了不就给自己找麻烦吗?事情还没开始做,就自己把自己吓得退缩了。对于这样的员工来说,或许最缺乏的不仅仅是创新的能力,还缺乏创新的意识、勇气、欲望、冲动和相关的人格。总之,最缺乏的就是一种创新的精神。

4 敢于冒险,"俘虏"业绩

在职场上也许你经常会遇到这样的情况:上司叫你去完成一项任务,条件不尽如人意,但还规定要在什么时候必须完成。也许你的第一反应是:在这种情况下,要完成这一任务是不可能的。但事实上是,天底下几乎没有什么不可能的事情,你之所以觉得不可能,是因为你根本就没有尝试着去做,根本就不敢冒这个险而已。可以肯定地说,在我们的工作中,上司通常不会安排给你客观上绝对无法完成的任务,所谓的"不可能"往往只是我们个人的主观认识,是我们逃避难题的一个借口。但是,如果你敢于接受挑战,很多时候那些原本遥不可及的业绩竟然会真的到来。

刚刚毕业的大学生小蔡到一家企业去面试,他是这次面试中排在最后面的一个。很多应聘者走出来都是垂头丧气，有的还说："没有经验根本不行。"很明显，这家公司根本就没把这些刚刚毕业的大学生放在眼里，小蔡也觉得几乎不可能了，但是他还是等到了最后，他决定冒一次险，用一种与众不同的方式来参加这场招聘会。

当小蔡走到面试官面前时，面试官果然面无表情地说："我们需要有工作经验的人。"小蔡没有像其他面试者一样立马走人，而是很愤怒地说："你们这是什么公司啊，太自私了。我们的简历上写得很明白，刚刚毕业，既然你们需要有工作经验的人员，为什么还通知我们来面试？没有工作的人的时间就不宝贵吗？再说，像我们这样刚刚毕业的学生是否有能力还是个未知数，你们宁可拒之门外，也不敢尝试一下，还算什么有名的大公司？"

面试官无言以对，半晌才说："那好，请你说说你有哪些能力吧。"

小蔡似乎很不给面子，站了起来，不屑一顾地说："我看不用了，因为我到底是没有经验。刚才多有得罪，请您多包涵。"说着就要走。

这是面试官笑着说："请留步，我很想听一听你的想法。"

小蔡这才把自己的情况和想法说了出来，面试官听后，态度大变，对小蔡说："你被录用了，下周来上班吧。"

小蔡的成功也许的确有点偶然，但是如果他不敢冒这次险，不敢去尝试，那么他就肯定没法成功。在我们的职业生涯中也是一样，我们都会遇到很多难题。在难题面前，有些人往往会先看看要攻克这一难题的可能性到底有多大，其结果却几乎总是选择了退缩和回避，因为他们不愿意为此而白白地付出劳动。而有些人却不这样想，他们总是乐于迎着困难而上，付出自己最大的努力来挑战难题，即使冒着失败的风险也在所不惜。

对于冒险，我们也许还可以有另一种解释，那就是敢于尝试。也许人生最激动人心也最令人难忘的,或许就是你在关键的瞬间咬紧牙关战胜了自我的那一刻。如果你想摆脱平庸的工作状态,拥有精彩卓越的人生,当很多人都觉得不可能时,你不妨试一试。

许广智原来是一家公司的技术工人,待遇很不错。后来,公司为了打开市场,需要增加销售人员,于是他主动请缨,申请加入营销队伍。通过各项测试和考核,显示他也适合从事营销工作,于是经理便同意了。

那时,公司还很小,只有三十多个人,面临许多要开发的市场,而公司却没有足够的财力和人力。因此,公司只能每个地方派出一个人,许广智只身一人被派往西部的一个城市。

在这个城市里,许广智一个人也不认识,吃住都成问题,但心中对企业的责任和对工作机会的珍惜使他丝毫没有退缩。没有钱乘车,他就步行,一家客户一家客户地去拜访,向他们介绍公司的产品,他经常为了等一个约好见面的人而顾不上吃饭。他租住的是一家人闲置的车库,由于只有一扇卷帘门,而且没有电灯,晚上一关上门,屋子里就没有一丝光线了。

那个城市的春天多有沙尘暴,夏天经常下冰雹,冬天则经常雨雪交加,对于一个财力缺乏的推销员,这样的天气无疑又是一个沉重的考验。有一次,许广智差点被冰雹击晕。公司的条件差得超乎了许广智的想象,有一段时间,连产品宣传资料都供不上,许广智只好自己买来复印纸,手写宣传资料,好在他写得一手好字。

在这样艰难的条件下,人不动摇是不可能的。但每次动摇时,许广智都对自己说:必须忠诚于我从事的这份工作,对它负责,不能抛弃它。

一年后,派往各地的营销人员纷纷回到公司,其中有六成人员早已不堪工作的艰辛和重负,悄无声息地离职了,而许广智的成绩是他们中最好的。

最好的员工自然得到最好的回报，三年后，许广智被任命为市场总监，这时，公司已经是一个上千人的中型企业了。

许广智在那么艰苦的环境里坚持工作，在很多“聪明”的人看来实在是太“傻”了，而他的同事里，也确实有很多“聪明”的人都选择了离职。可许广智坚持了下来，并且完成了“不可能”的任务，也正因为如此，他也取得了突出的成就。

5 切断后路，业绩也怕人较真

人都有这样一种心理：一次不行，再来一次。但在工作中，这是一种极端错误的想法，也是一种最要不得的习惯。那些能够最终取得成功，或者在自己的工作岗位上做出不斐业绩的人无不是具有破釜沉舟的决心，因为只有这样，才能够把自己的才智发挥到极限。

所以，当你一旦确立了自己的目标，并专注于自己的目标时，你必须将所有的“如果不行，我还可以……”的想法扔到一边，切断你的后路，从现在开始，只剩下你和你的目标，你已经不可能回头了。这就好比你想要得到山上的一颗灵芝草，于是你靠着一根摇晃的蔓藤爬到了半山腰，但这时那棵蔓藤断了，你别无选择，只有爬上山顶，越过山谷，因为现在你无路可退，你已经站在了半山腰，接下来你要面对的是：如何才能拿到那棵灵芝草，而不是怎样下山。

一年的冬天，一个猎人带着自己的猎狗去打猎。猎人的枪法非常不错，他一枪就击中了一只兔子的后腿，但是受伤的兔子没有停下来，而是拼命地逃生。猎人示意自己的猎狗把兔子追回来，于是猎狗和兔子展开了一场大赛。兔子在前面拼命奔跑，猎狗在后面穷追不舍。

然而让人奇怪的是，最后的结果是猎狗追了一阵子，渐渐地跑不动了，而兔子却一点也没有减速，反而跑得越来越远了。猎狗知道自己实在是追不上了，只好悻悻地回到猎人的身边。看到猎狗空手而归，猎人气急败坏地说："你真是个没用的东西，你是一只猎狗，竟然连一只受伤的兔子都追不到！"

猎狗听了很不服气地辩解道："我已经尽力去追了呀！谁知道那兔子跑那么快呀！"

再说兔子带着枪伤成功地逃生回家了，兄弟们都围过来惊讶地问它："你是怎么逃回来的，要知道那可是只猎狗呀，而且你又带了伤，怎么可能逃脱呢？"

兔子说："你们说的没错。但是有一点，它没追上我，最多挨一顿骂，回到主人身边还有是吃有喝；可是，我是没有后路的呀，如果我不竭尽全力拼命地跑，可就没命了呀！"

当你可能因为某件事做不好就一无所有时，或者是你把所有的希望都寄托在某一件事情上时，不管这件事有多么难，你都会动用你所有智慧，竭尽全力去做好，而且通常你也真的能够做好。所以，面对困难与挫折，最好让自己没有后路可以退，这样会让你扔掉"我尽力了"的愚蠢想法而不得不积极进取，争取最大的胜利。所以，给自己一片没有退路的悬崖，虽然会让你在一段时间内经受苦难，但从某种意义上来说，确实给自己一个向生命至高点冲锋的机会。

有一名编辑，在县报社干了10年，但还只是个编辑。后来，报社裁员，他以失败者的身份应聘到省城的一家媒体工作，只短短3年，他就成了编辑部的主任。

这是怎么回事呢？同样一个人，同样的工作，结果为什么会有这么大的区别呢？原来，在县报工作时，编辑如果出了差错，只要扣钱就可以解决，错一个字扣5块，如果是实质性的字则扣10块，即便是把领导职务排错了顶多也就扣100块钱。所以，他从来都觉得无所谓，总认为：错就错了，扣钱就是了。

但是，在省报担任编辑可没有这么简单，错一个扣100，实质性的错字则扣500，如果把领导的职位弄错就不能用扣钱来解决了，而是直接开除。在省报的前两年，有两次他被扣了整个月的薪水，而领导的职位他一次也没有出过错，因为他知道，一旦出错，自己的饭碗就丢了。

就是在这样的情况下，他时刻提醒自己把每个字都审查好，不能有半点纰漏，之后整整一年多的时间，他从未出现过一个错字，于是终于升了职。据他自己后来回忆说，只要在新闻中看到名字，他就会双手冒汗，生怕出一次错就让自己失去这一切。

像这样的情况，也许很多人会说，这也太苛刻了，谁能保证一辈子不出错呢，但这就是职场。所以，让自己没有后路倒常常为你找到新路，因为在没有后路的情况下，什么都有可能，原本觉得不可能做出的成绩，真的有可能出现。就像故事中的这个人，在原来的单位，他总是有退路的，所以一再出错，工作了10年却最终成了下岗人员；而在后来的单位，因为没有退路，身体的每一根神经都在工作上，当然可以做到不出错。所以，**有时候公司的一些“高压”政策，未必就是一件坏事，它常常会成为鞭策我们努力的工具，不让你有退路你才会破釜沉舟、全力以赴地干，也只有这样才能做出业绩来。**

6 精于领会老板的意思

作为员工，每个人都会有自己的“老板”，这个人也许是老板自己，也许仅仅是你的上司或领导，但总会有一个管着你的人。这个人不仅管着你，而且还是你工作的方向，你只有领会了他的意思，才能确保正确的执行方向，确保正确执行上级的意图和决策，工作才不会南辕北辙或是做些毫无意义的无用功。而且，任何一个上司都需要能够尊重自己、站在自己的立场上，体会自己的心意的下属，而不是他说什么你都似懂非懂地说“是”。

程军是一家网络公司的编程员，平时不爱说话，但只要上头分配给他任务，他二话不说就开始干。

一天，公司部门主管拿来一份程军编写的程序方案，对他说："这份方案我看过了，整体还不错，但是中间有几个地方编制得不太好，你再重新编一下。"程军接过来说："是。"然后开始埋头苦干。一天后，程军把自己改过的程序交到主管手里，主管看后，皱了皱眉，对他说，还是有点不合适，你再改一改。程军又"是"了一声就马上回到座位上修改起来。

就这样，在短短的半个月里，程军先后共五次接到修改或重做的指令。事实上，这五次之中涉及的编程似乎没有什么修改或重做的必要。但当主管要求程军修改时，程军依然没有表达出任何异议，只是低头重复说着"是"。为此，程军自己觉得很烦恼："程序明明没有什么修改的必要，为什么主管老是让修改呢？"

后来，程军忍不住和同事说了这件事。没想到，同事诡秘地笑了笑，说："你的程序没有什么问题，部门主管只是觉得他说什么你都不问问清楚，就说'是'，所以决定和你开个玩笑，目的就是提醒你。"

听到这里，程军无奈地笑了。

但现实是，很多人只顾着埋头苦干，并不知道老板到底是什么意思，不知道老板想要的结果到底是什么。所以在工作中，我们会看到很多人有执行不到位的现象，究其原因往往是因为沟通不到位，误解或没有理解老板的想法。要克服这个问题，唯一的办法就是多与老板沟通。比如说，当老板分配给你一项任务时，如果你没有完全弄懂是怎么回事，千万不要一声"是"后就马上行动。要知道，不是每个人都可以像罗文一样，而且罗文也是有他自己的时代背景，如果只是多问一句话就可以让工作更好更快地完成，为什么不问呢？

如果上司要求你去买一个笔记本，你应马上询问，笔记本是要空白的还是有格子的，对方可能会说两种笔记本都可以。

“那我就是随便选一种了?”

“是的。”

“100页的还是50页的?”

“100页左右。”

“硬壳的还是带皮面的?”

“普通的吧。”

看,简单的几句话,就可以知道上司究竟想要什么样的笔记本,那么你肯定就不会买错了。所以勤与上司沟通,是你不犯方向性错误的根本。这是说具体的工作,有时候,你可能会觉得老板对你的态度有问题,但又不知道出在了哪儿,这时更要想办法弄懂老板哪里对你不满意。

一个替人割草的小伙子出价5美元,请他的朋友给一位老太太打电话。电话拨通后,小伙子的朋友问道:“请问您需要割草吗?”

“不需要,我已经有割草工了。”老太太说。

“我会帮您拔掉花丛中的杂草。”

“我的割草工已经做了。”

“我会帮您把走道四周的草割齐。”

“是吗?那你想要多少钱?”

男孩听到这立即挂了电话。第二天他到老太太那里,第一件事就是把走到四周的草割齐了。老太太惊讶地说:“昨天还有人问我需不需要把走到四周的草割齐呢,可惜电话断了。”小伙子笑了笑,没有说话。

如果你能像这个小男孩一样首先了解老板的心思,那么你就永远都不会惹老板不开心,而且永远都是老板最需要的那一个。

7 将复杂的工作简单化

即使同样的一件事情,让不同的人去做,有的人可以在很短的时间内，用最简单的方法去完成；而有的人用了很长的时间，借助各种各样的工具，可最后还是没有找到答案。所以，当我们遇到一件事，或者是接到一项任务时，要先动脑，想想这件事情能不能用更简单的方法去做，而不是遇到问题就急急忙忙去动手，以致理不清头绪，白白忙碌了半天，却解决不了问题。

实际上，这与个人的思维方式有很大关系，有的人一遇到事情总是不由自主地往复杂的地方想，认为解决问题的方式越复杂就越好，以致钻进"牛角尖"里出不来。其实，很多事情并没有我们想象的那么复杂，试着把问题简单化，会让你的工作变得轻松很多，这才是一种大智慧。

有一次，爱迪生让自己的助手测量一个梨形灯泡的容积。

这名助手接过灯泡后，立即就开始了工作，他先拿标尺测量了灯泡的各种尺寸，然后列出了足有二三十个复杂的数学公式，接着把各种数据放入公式里计算，但是几个小时过去了，结果还是没有计算出来。怎么办呢？助手有点焦头烂额，于是又搬出大学里学过的几何知识，准备再一次计算灯泡的容积。

这时，爱迪生进来了，看见助手一片茫然的样子，觉得很奇怪。他拿起灯泡，朝里面倒满水，递给助手说："你把灯泡里的水倒入量杯里，不就得出我们所需要的答案了吗？"

助手顿时恍然大悟：这么简单的问题，自己却把它弄得这么复杂。

这个故事看似简单，却能给职场人士一个重要启示：简单就是高效！在工作中遇到问题时，有一部分人总是错误地认为，"事情不可能就这么简单"，总觉得想得到越多就越深刻，做的越多就越有收获。但实际的情况是，"多"不一定就是好事。很多时候，"多"反而会成为累赘，"多"往往会画蛇添足，无谓的"多"只会让你忙乱不堪，让你更没有章法。所以，在工作中，我们应该学会把复杂的问题简单化，这样在更好地解决问题的同时，又大大地提高了工作效率，何乐而不为呢！

但是现实中，在一些企业里，不少员工都觉得事情做得太简单就好像自己不够重视，所以想方设法要做的多些。比如，一份工作总结、工作计划或是各种汇报材料、文件报告等，总是长得不行，洋洋洒洒，没有十几页自己都觉得不能过关。然而你如果耐着性子从头到尾看到底，就会发现这些材料和报告，很大一部分都是套话、空话，实质性的内容就那么一丁点。

世界知名企业宝洁公司就有一项有意思的规定，他们规定：备忘录的长度必须在一页纸以内。而且，他们要求公司所有的报告文件都必须尽量做到精简，以尽可能简练的语言来描述公司的现状和未来的发展措施。否则，你的备忘录是不会通过的。

一次，宝洁公司总裁接到了一份厚厚的备忘录。这是公司的一位经理提交的，在这份备忘录上这位经理详细地介绍了他对公司很多问题的处理意见以及他对公司未来发展的建议。但令这位经理没有想到的是，当他把这份厚厚的备忘录交到总裁手上时，他竟然连翻都没翻，不仅没有要表扬的意思，反而非常生气地在备忘录上面写了这样一条命令："把它简化成我所要的东西！"

还有一次，一位主管递上来一份非常复杂的报告，总裁也是连看都没看，直接在报告后面批示道："我不理解复杂的问题，请你用最简单的语言把问题说清楚。"

有很多人觉得保洁总裁的做法很奇怪，说是这样一来，会让人对工作不那么重视。但是，对此，他有他自己的解释，他说："我工作的一部分就是教会他人如何把一个复杂的问题简变成一系列简单的问题，只有这样，我们才能更好地进行下面的工作。"

此后，宝洁公司要求员工要不遗余力地将报告的精华浓缩到一页，把问题搞清楚，把事情搞透彻。

我们也许深有体会，写一份冗长的报告也许不会太难，不过是东拼西凑，东拉西扯。但是如果要把一份十几页的报告缩减成一页纸，难度就很大了。所以，有人说，这个世界上只有两种人：一种人总希望把复杂的问题简单化；另一种人则总喜欢把简单的问题复杂化。把简单问题复杂化的人，通常想问题比较复杂，但做事的效率一定会很差，因为这样的人往往会把一件事弄成两件事甚至更多的事来做，那当然就加大难度了。但是，把复杂的问题简单化的人一般是做事的人，而且是能做成事的人，因为要干活的人没有谁愿意把简单的问题复杂化，那样做起事来就太浪费精力了；相反，如果能够把复杂的事情抽丝剥茧，提纲挈领，把原本没有头绪的事情拆分成几个简单的步骤，这样就能事半功倍了。所以，对于企业的员工来讲，面对工作，还是要学会把复杂的问题简单化，以最短的时间把事情做得最好，这才能让你胜任你的工作，才能做出更多的业绩来。

8　智者找助力，愚者找阻力

不管你是想要成为一名优秀的员工，还是想要成为一个成功的领导者，都不要忘记这样一句话，叫做：智者找助力，愚者找阻力。在现代职场中，可以毫不夸张地说，没有一个人能够在完全独立的状态下取得成功，或多或少他都需要借助某种力量来达到成功。在曹雪芹的著作《红楼梦》里，宝钗曾做过一首《临江仙·柳絮》："好风凭借力，送我上青云。"一片轻如鸿毛的柳絮，在风的帮助下都能够直上青云，更何况人呢，如果能够让更多的人帮助你，那么成功自然会来得更快更轻松，而且这也绝对不失为一种高效的社会智慧。

有一家公司要招聘一名营销总监，报名的人非常多，最后经过层层考试剩下3人竞争这一职位。但是，最后一轮面试的时候，公司出了一道奇怪的题：让这3个竞争者到果园里摘水果。

单从外形来看，一般人就大概知道谁能够胜出了。因为在3个竞争者中，一个身手敏捷，一个个子高大，一个个子矮小又略胖，所以前面两个胜算的可能性要远远大于第三个矮个子。

但是，最后的结果却让人大跌眼镜，竟然是第三个人获得了这个职位。这到底是为什么？

原来，这棵考试用的果树是经过精心设计的，他们要摘的水果大多数都在树梢。个子高的人，虽然一伸手就能摘到一些果子，但是毕竟数量有限。身手敏捷的人，虽然能爬到树上去，但是树梢的一部分，他就够不着了。

而个子矮小的人呢？他知道自己够不着，所以立刻就跑到守门的老头那，非常谦虚地请教老头平时他是怎样摘这些树梢上的水果的。老头回答说："我平时要用梯子才能摘到树梢上的苹果。"这位竞争者立刻向老头提出借梯子，老头也十分爽快地答应了。有了梯子，摘起水果来自然不在话下，结果，反倒是这位个子矮小的人摘得比谁都多。他也最终赢得了胜利，获得了总监的职位。

通过这个故事，也许你已经看出了主考官要考的是什么？没错，他考的是一个人能否通过自己的智慧赢得他人的支持与协作，因为在专业化分工越来越细、竞争越来越激烈的今天，要想把工作做好，仅凭自己一个人的力量是很难办到的，但如果你能够借助外面的力量，那么事情往往就会沿着你想要的方向发展下去。

很多人之所以觉得工作难做，是由于他们不懂得去借助外力，不懂得去获取别人的帮助。作为一个员工，在变幻莫测的商业活动中一定要善于找助力，来帮助自己解决危机，以小搏大。打个比方说，助力就像是你面前的一个跳板，在有限的时间内能够帮你跳得更高，跑得更快。

曾有一家著名企业招聘董事长秘书，一共有三名女士闯到最后一关。这一关董事长要亲自面试三位应聘者。她们绝对都是不可多得的优秀人才，都是过五关斩六将在数千名应聘者中脱颖而出的。面试当天，三位应聘者都早早来到应聘地点，但是一直等到距离最后面试前十分钟，才有人过来对她们说："董事长喜欢他的工作人员比较职业化，所以，我们准备了三套职业装和三个黑色手提包。但是衣服上有个黑点，需要你们自己想办法。顺便提醒一下，董事长是个非常爱干净的人。”

傻子都知道这是董事长故意安排出来的考试，如果这个“黑点”处理不掉，肯定甭想通过考试。但是，现在连十分钟都不到了，时间紧急，一名应聘者抓过衣服，立刻用手搓了起来，结果越搓黑污越大，想补救都不行了。于是，她绝望地退出了。

另一个则飞奔到洗手间，快速的用水清洗黑点，黑点也很快洗掉了。但遗憾的是，当她走进董事长的办公室时，衣服上的水渍还没有干，湿淋淋的一大块显得更加的刺眼。与她们不一样的是，第三名应聘者根本就没有想法弄掉黑点，但偏偏就只有她被录取了。

为此，第二名应聘者很不服气地问董事长，她的竞争者什么都没有做，为什么会被录取呢？董事长不是很爱干净吗？董事长微笑着说：“她的确没有处理那个黑点，但是她自始至终都没有让我看到那块污点，她的双手优雅地把包挡在黑点上。你要知道，那个黑包你们三个都有啊，可是只有她用到了。”听了这话，应聘者颓然地低下了头。

很多时候，并不是没有助力，而是你根本没有发现身边的助力，所以只是一味地蛮干。到头来不仅不能成功，还白费了力气。我国古代著名的思想家荀子曾说过，“善于借助车马的人，用不着自己跑得快，也能远行千里；善于借助舟船的人，不必自己善习水性，却能够渡江过河。君子生性与别人没有什么不同，只是因为他善于借助和利用外物，所以就不同了。”无独有偶，在西方，也一直流传着牛顿的一句名言——站在巨人的肩膀上。所以，在工作中要学会审时度势，冷静地分析每种可能，每个方法，看能不能得到更多的帮助让自己更好更快完成任务，而不是头脑发热，一头钻进去不管不顾，只靠一身蛮力，到最后自己累死累活不说，工作也往往做不好。

第七章　我的业绩，我做主

“我的地盘，听我的”，一句朗朗上口的广告词让动感地带品牌几年之间红遍了大江南北，成为追求时尚、新鲜、刺激的年轻一族的首选移动通信品牌。如今，这样的观念已经深入职场生活中，“我的业绩，我做主”已成为职场成功人士的成功感言，他们凭借坚定的信念、饱满的激情、充足的准备以及高效率等助他们在工作中勇往直前，对业绩占有绝对的主控权，这样一来想不成功都难！

1 要业绩，靠自己

身处职场的人们都希望自己的业绩一流，但好的业绩从哪里来？正如“天上不会掉馅饼”一样，要想取得好的业绩，只能靠自己。所谓的靠自己，意味着不能抱有浑水摸鱼的思想，不能存有侥幸心理，想着靠别人的力量来提高自己的业绩，这样的做法早晚有一天会被发现的，到时候等待你的只有辞职一路可走。滥竽充数的典故就很好地说明了这一点。

战国时候，齐宣王在位时很喜欢听人吹竽，觉得这种乐器古朴典雅，吹奏起来娓娓动听。因为他喜欢讲究排场，自然听竽也不例外，所以每次他都命人召集300人的大乐队来为他吹奏。他给竽师的待遇很高，所以有不少竽师都争相为齐宣王吹竽。

有一个叫南郭先生的人，他并不懂得吹竽，但当他听说齐宣王每次都让300人一起为他吹竽，便觉得有机可乘，决定碰一碰运气，说不定能够讨点赏金，于是，他便进入皇宫，加入吹竽的队伍当中。每次演奏的时候，他便混在吹竽的人群中装作很卖力吹竽的样子，其实根本没有发出一点儿声音。就这样，他也得到了齐宣王赏赐的丰厚薪俸。

南郭先生就这样待在皇宫里骗吃骗喝了很多年，一点吹竽的技术都没有掌握。后来，齐宣王驾崩，他的儿子齐湣王继位。他因受到齐宣王的影响，也很喜欢听竽，但有一点跟他的父亲不同，那就是他喜欢听竽师独自吹奏。听到这个消息的南郭先生，生怕露馅，被齐湣王以欺君之罪治罪，便连夜逃跑了。

故事中的南郭先生很具有代表性，根本就是如今职场中一部分员工的真实写照：他们本身没有真才实学，靠着关系进入公司，之后不是想着通过提高自己的能力来创造业绩，而是将自己的业绩建立在别人努力的基础上，通过剥夺别人的业绩来提高自己的业绩，这样的员工不会在公司待得长久，终有一天会因犯下重大的过失而被公司扫地出门的。因此，要想取得业绩，必须要靠自己的真才实学去争取。

我想不少人都看过湖南卫视自制的电视剧《丑女无敌》，其中林无敌和裴娜同是费德楠的秘书，为什么最后貌丑的林无敌成为费德楠的心腹，而貌美的裴娜仍然只是一个可有可无的“花瓶”。真才实学是决定她们日后地位的一个关键因素。虽然林无敌是一个不漂亮的女孩，但其能力却是不容置疑的，并且在工作中凭借着真才实学帮助费德楠渡过一个又一个难关，所以自然会受到费德楠的器重。相比之下，裴娜虽然长得不错，但却一点能力都没有，靠着裙带关系当上秘书的她没有一点上进心，只会打扮、争漂亮，还常常动歪脑筋，将林无敌的劳动成果据为己有来充当自己的工作业绩，但最后还是被人识穿，只能独自饮恨。

所以说，现如今在职场中，空有亮丽的外表是没有用的，能力才是取得业绩、获得肯定的根本。当然，能力只能靠你自己去积累，谁也无法帮你。这就要求你在平时的工作中要勤学好问，这样才能不断提高自身的能力；而任何一点骄傲自满的情绪都会使你停滞不前，没有能力再去获取出色的业绩。

有一位博士生被分配到一家研究所，他是所里学历最高的一个人，对此他感到沾沾自喜，甚至产生骄傲自满的情绪，总觉得自己高人一等。

一天，他到池塘里去钓鱼，正好正副所长也在那儿钓鱼。他只是勉强点了点头便不再搭理对方，心想：我跟这两个本科生不是一个阶层的，不会有什么共同的话题可聊。于是他就自己独自垂钓。

不一会儿，博士见所长放下鱼竿，伸伸懒腰，“蹭、蹭、蹭”从水面上如飞似的走到对面上厕所。博士感到很困惑，不明白他是怎样做到的，可是自己又不好意思去问，毕竟自己是博士嘛！

又过了20分钟，副所长也像正所长那样“飞”也似的踏过水面去对面上厕所，这下让博士更傻眼了，以为自己遇见了武林高手。基于自我优越感作祟，博士还是没有将心中的疑问问出来。

没过多久，博士也想要上厕所，他看着池塘对面的厕所，心里想到："这两个本科生能过的水面，我就不信我过不去。"随后便听到"咚"的一声，博士栽倒在水里，两位所长赶忙将他拉了上来，为他为什么要下水。博士没有回答反问道："为什么你们可以过去。我却不行？"

正副所长相视一笑，说道："这池塘有两排木桩子，由于这两天下雨涨水正好淹在水面下。我们都知道木桩的位置，所以可以踩着木桩过去。""你既然不知道，为什么不问我们呢？"所长随后问道。博士羞愧难当，无言以对。

博士之所以会栽到水里面，完全是他自己自视甚高造成的恶果。所以说，骄傲自满是职场人士的大忌，唯有勤学好问方能提高能力、创造业绩。正所谓"态度决定一切"，只有将自己的心态摆正，方能在工作中有所作为。要业绩，只能靠自己！

2 没有最好，只有更好

曾经"没有最好，只有更好" 这句成功的广告语让奥柯玛电器家喻户晓，如今它所代表的不仅仅是一家公司的企业形象，更是许多职场人士对工作的要求。在职场中，想要创造好的业绩，仅仅把自己分内的工作做好是远远不够的，必须学会思考，将工作做得更深入。只有精益求精，并时刻提醒自己"我可以做得更好"，长此以往你将变得更加有实力，更加成功。

一位年轻人刚进公司时自认为专业能力很强，对待工作很随意，感觉自己接的工作任务不足以显示自己的水平，因而总是抱着"交差""完成任务"的心态去工作，所以工作上一直没有亮眼的表现。

一天，老板亲自找到他，让他为一家知名企业做一个广告策划文案。年轻人看出老板对此事很重视，所以不敢怠慢，认认真真地搞了半个月，之后他拿着做好的文案进了老板的办公室，并将文案恭恭敬敬地放在了老板的办公桌上。谁知，老板连看也不看，只是对他说了一句："这是你能做得最好的方案吗？"年轻人一怔，没敢回答，老板便将方案推给了年轻人。年轻人接过方案什么话也没有说便回了自己的办公室。

年轻人冥思苦想了好几天，再次把修改好的方案拿给老板过目，但这次老板依然没有看，只是重复了几天前的话"这是你能做得最好的方案吗？"年轻人心中忐忑不安，还是没有给老板肯定的答复，老板见状，仍然将文案退给了年轻人，让他再次回去修改。

就这样反复了四五次，最后一次的时候，年轻人还没等老板开口问话，便信心百倍地对老板说道："这是我认为做过的最好的文案。"老板微笑着说："好，这个方案通过。"

从那以后，年轻人在工作中经常会自问：这是我能做的最好的方案吗？然后再不断进行改善。不久，他便成为公司不可缺少的骨干员工，后来又因老板对他的工作表现十分满意，便提拔他为部门主管，他所领导的团队一直业绩不错。

年轻人因为明白了"只有持续不断地改进，工作才能做得更好"这样一个道理，他的业绩才有了突飞猛进的提高，并且从一个不起眼的小职员变成了老板眼中不可多得的人才。

美国前总统老布什在一所大学做演讲时曾说过这样一句话：**"比其他事情更重要的是，你们需要知道怎样将一件事情做好；与其他有能力做这件事的人相比，如果你能做得更好，你将永远不会失业。"**所以说不论我们从事何种职业，现在身处何种位置，只要你能将本职做得出彩，那么你便会得到老板的青睐。

当然，想要使自己的工作做得更好，必须要勤于提升自己的能力。所谓“业精于勤”,只有具备精益求精的奋进与努力,你才会有所进步,工作才能做得更加完美。

佛堂里有一块大理石地面,有一天,它抬起头来对神龛上的佛像说道:“我们本来是同一块石头,如今我躺在这儿,受万人踩踏;而你却站在那里,高高在上,受万人膜拜,为什么如此不公平呢?”

佛像回答说:“是的,我们都来自同一块石头,但是我是经过几个石匠数年的打磨,才能够站在这里的;而你只接受了简单的加工,当然就只能铺在地上给人垫脚。”

上面小故事中的佛像和大理石地面虽来自本家,但境遇却不尽相同,一个是万人膜拜的对象,一个却是万人踩踏的对象。为什么待遇如此不同呢?从佛像的话中我们可以看出:佛像之所以有今天的地位跟它过去的努力是分不开的,而大理石地面虽有做“人上人”的志向,却没有付出努力,当然不可能实现。

同样地,我们对待自己的工作只有具备“没有最好,只有更好”的钻研精神,你才会得到相应的回报——受到公司的重用、老板的器重。请记住:成功绝不是一种幸运,也不是一种偶然,它是一个人努力奋斗的结果。

3 信念:创造业绩的动力

著名作家丁玲曾经说过这样一句话:“人,只要有一种信念,有所追求,什么苦都能忍受,什么环境也能适应。”因此,对于身处职场的我们来说也必须坚定一种信念:成功的信念。有了这样的信念,我们就能将一切看似不可能的事情变成可能,在绝望中创造奇迹。

6名矿工在很深的矿井下采煤,突然,矿井倒塌,出口被堵住,矿工们顿时与外界隔绝。这种事故在当地并不少见,凭借经验,他们意识到自己面临的最大问题是缺乏氧气,井下的空气最多还能让他们生存三个半小时。

6人当中只有一人有手表，于是大家商定，由戴表的人每半小时通报一次。当第一个半小时过去的时候，戴表的矿工轻描淡写地说："过了半小时了。"但是他的心里却是异常地紧张和焦虑，因为这是在向大家通报死亡线的临近。这时他突然灵机一动，决定不让大家死得那么痛苦。第二个半小时到了，他没有出声，又过了一刻钟，他打起精神说："一个小时了。"其实时间已经过了75分钟。又过了一个小时，戴表的矿工才第三次通报所谓的"半小时"。同伴们都以为时间只过了90分钟，只有他知道，135分钟已经过去了。

事故发生四个半小时后，救援人员终于进来了，令他们感到惊异的是，6人中竟有5人还活着，只有一个人窒息而死——他就是那个戴表的矿工。

信念在这场生与死的较量中扮演着重要的角色，幸存者由于意识模糊，他们无法知道那位牺牲者是何时停止报时的，所以一直以为自己所能承受的极限时间还没有到，就这样坚持着直到救援队的到来。

黑人领袖马丁·路德·金曾说过这样一句激励人心的话：**"这个世界上，没有人能够使你倒下，如果你自己的信念还站立的话。"**所以说我们的所作所为都受一种力量的控制，那就是信念。只要信念还在，那么我们心中的那面"红旗"就不会倒下；只要你坚信你能够成功，那么你就会竭尽全力取得成功。安东尼·罗宾的故事再次向我们证明：成功离不开坚定的信念。

在安东尼·罗宾13岁那年，他就立志当一名体育记者。一天，当他从报纸上得知胡华·柯赛尔要在当地的百货公司为他的新书签名时，他就想：如果我想要成为一名体育记者，就得开始访问专家，为何不先从访问胡华·柯赛尔这样的拔尖人物开始呢？于是，他就借了一台收音机，并由母亲开车将他送往现场。

当安东尼·罗宾到达时，胡华·柯赛尔正准备起身离开，当时他的身边围了一大群记者，都争相问他最后一个问题。安东尼·罗宾见到这样的场景刚开始有些慌乱，但他很快镇定下来，抱着一定要采访到胡华·柯赛尔这样的信念，义无反顾地钻进人群中，挤到了胡华·柯赛尔的面前，用连珠炮的速度表明来意，并问他是否能够接受自己简单的采访。结果，在众目睽睽之下，胡华·柯赛尔接受了安东尼·罗宾的访问。

这次不寻常的经历让安东尼·罗宾更加深信凡事皆有可能，只要你肯迈出那一步。之后，他为一家日报撰写文章，继而在传播界发展下去。

信念是一种动力，它可以推动你去做别人认为不可能成功的事情，它可以为你排除成功道路上的一切艰难险阻助你收获成功。所以，从现在开始就在心中树立一种成功的信念吧！它会让你变得更加自信，更有勇气去面对工作中遇到的一切难题，这样想要创造业绩只是时间问题，而不再是遥不可及的问题。

4 激情：取得业绩的最佳武器

现在的你是否会有这样的感觉：每天早上一觉醒来，不是大声呼喊美好的一天又开始了，而是想着痛苦的一天又开始了；磨磨蹭蹭进入公司，对工作提不起精神，浑浑噩噩混到下班时刻，会有一种终于脱离苦海的感觉；和朋友见面时总会抱怨自己的工作有多么无聊……如果现在的你是这样一种工作状态，这充分说明你是一个极度缺乏工作激情的人。工作尚且做不好，何谈创造业绩？

艾默生曾经说过这样一句话："有史以来，没有任何一件伟大的事业不是因为热情而成功的。"由此可见，成功离不开激情，激情可以帮助我们化逆境、失败、挫折为动力，激情可以将枯燥、乏味的工作变得生动有趣，使我们充满活力……总之，激情是我们取得业绩的最佳武器。

著名人寿保险推销员法兰克·派特是一个凭借激情，创造一个又一个奇迹的传奇人物。

早年刚加入职业棒球队不久，他便被球队的经理给开除了，理由是法兰克打球慢吞吞，根本跟不上别的球员的速度。临走时经理还告诫法兰克说，如果提不起精神，无论以后走到哪，都不会有出路。那时的他还没有意识到这个问题的重要性。

之后，法兰克又加入一家球队，可是少得可怜的薪水让法兰克更加没有工作的激情，但此时的他想要努力一把，看看能不能因此改变现状。于是在他去新球队的第一天，就将成为英格兰最具热情的球员作为奋斗目标，并为实现此目标而努力奋斗。后来的事实证明他做到了，而且干得非常出色。法兰克后来回忆这段经历时曾说过这样一段话："热情所带来的结果让我吃惊，我的球技出乎意料的好。同时，由于我的热情，其他的队员也跟着热情起来。……由于对工作和事业的热情，我的月薪由25美元提高到185美元，多了7倍。在后来的2年里，我一直担任三垒手，薪水加到当初的30倍之多。为什么呢？就是因为一股热情，没有别的原因。"

不过可惜的是，法兰克在一场比赛中手臂受伤严重，不得不退出了棒球界。之后到菲特列人寿保险公司当保险员，但整整一年没有业绩，对此他感到十分苦恼。后来他又重新找回了当年打棒球时的热情，并把这份热情转嫁到现在的工作中，没过多久他便成了人寿保险界的"红人"。后来法兰克对这段工作经历也有所感悟，他说："我从事推销30年了，见到过很多人，由于对工作抱着热情的态度，他们的收入成倍地增加；我也见过另一些人，由于缺乏热情而走投无路。我深信热情的态度是成功推销的最重要的因素。"

上面法兰克的成功传奇可以告诉我们这样一个道理：不管你从事什

么工作，都必须要有工作的激情，激情可以使你更加有活力、有朝气，从而将工作做得更为出色；反之，没有工作激情的你会变得更加的散漫，对待工作敷衍塞责，这样当然做不出什么业绩来，想要成功更是难如登天。

小杰和薇姿同进一家公司，并且做着相同的工作。但三年后的他们境遇却有了截然不同的转变。小杰从一名业务员做到了公司的经理，薇姿却仍然业绩平平，并且面临失业的困境。

为什么会这样呢？原来问题就出在他们对待工作的态度上。

起初，面对巨大的销售压力，他们都感到很沮丧，也想过辞职找别的工作。可是转念一想，如果这份工作不做，暂时也找不到其他好的出路，于是便咬牙坚持了下来。

一番思想斗争过后，小杰转变了以往的工作态度，认为既然做了就要好好做，否则就失去了这份工作的意义。于是，他总是以饱满的热情投入到工作中去，工作非常努力，有时为了争取一个客户，他来回奔波，而且不管多累，他都会分析客户的情况并做一套完整的计划书，确保为客户提供最热情、周到的服务。他的努力没有白费，慢慢地，他有了长期稳定的客户，业绩稳中有升。不久之后便因业绩突出而被提拔为主管。升职的他并没有沾沾自喜，而是以更饱满的激情投入工作中。三年后，他就当上了销售部门的副经理。

薇姿的工作态度恰恰相反，选择留下的她并没有认真考虑以后的工作应该怎样做才能把业绩提上去，对待工作依然很消极，只是为了工作而工作，毫无任何激情可言。一年后，她被调换了职位，在新的工作岗位上她依然如故，业绩依然上不去。后来，公司进行人员调整，准备将不合格的员工辞退，而薇姿就是其中的一员。

上述事例中的小杰与薇姿境遇更加让我们看到：一个人成功或是失败，跟他是否具有激情密不可分。薇姿不见得比小杰的能力低，可为什么她最后成了失业者，小杰却当上了销售部门的副经理？“激情”二字足以道尽这一切，小杰因为有激情，所以将工作转变为一种乐趣在做，业绩自然节节高升；薇姿则没有激情，纯粹是为了工作在工作，抱着“当一天和尚撞一天钟”的心态去工作，业绩如何能做出来，所以成为失业者完全是意料之中的事情。

激情让我们的生命更加有活力，激情让我们的意志力更加坚强，激情让我们的工作更加有乐趣，所以说激情是取得业绩的最佳武器。

5　自信：业绩增长的源泉

所谓“自信”，就是在对自己有清醒认识的基础上充分相信自己，相信自己有能力面对困难、挫折、挑战等一切挡在你成功道路上的“拦路虎”，无所畏惧、勇往直前。由此可见，要想取得成功，自信心是一种必不可少的心理素质，是成功的第一要诀。小泽征尔的成功故事能很好地说明这一点。

世界著名的交响乐指挥家小泽征尔在一次世界优秀指挥家大赛的决赛中，敏锐地发现他按照评委会给的乐谱指挥演奏出现了不和谐的声音。起初，他以为是乐队演奏出了错误，就要求停下来重新演奏，但还是感觉不对，这时他便将产生问题的根源归结为乐谱，认为是乐谱出了问题，可是在场的作曲家和评委会的权威人士都坚持说乐谱绝对没有问题，是他错了。面对一大批音乐大师和权威人士，他思考再三，最后斩钉截铁地大声说：“不！一定是乐谱错了！”话音刚落，评委席上的评委们立即站起来，报以热烈的掌声，祝贺他大赛夺魁。

赛后，小泽征尔才知道原来这一切都是评委们精心设计的“圈套”，以此来检验指挥家在发现乐谱错误并遭到权威人士“否定”的情况下，能否坚持自己的正确主张。前两位参加决赛的指挥家虽然也发现了错误，但终因随声附和权威们的意见而被淘汰。

故事中的小泽征尔正是凭借着他的自信摘取了世界指挥家大赛的桂冠，试想一下，如果当时他跟其他两位参赛选手一样，都盲从于“权威”，缺乏自信，不能将自己认为对的事情坚持到底，那么成功只能与他失之交臂。其实很多时候，我们非常需要靠自信来替自己加油打气，每当遭遇困境时，不妨这样鼓励自己：“我能行，我并不比别人差，我一定可以做到……”通过这样一些充满斗志的话语，我们就能重新获得力量和勇气，继续向理想迈进。

2008年8月8日，在奥运会开幕式上，来自哈尔滨师范大学的刘硕引导马来西亚代表团第10位出场，闭幕式上当选为全场仅有的3名“鲜花使者”之一。2008年9月7日，在北京残奥会开幕式上，她又作为几内亚代表团引导员首位举牌出场，一时间成为了全场瞩目的焦点。

其实，在几个月前，她和许多女孩一样平凡普通。但她凭借着自信，最终让自己脱颖而出，成为鸟巢场上一颗多彩夺目的新星。

2008年7月，刘硕在亲人和朋友的祝福下，踏上了去北京追求梦想的道路。初到北京训练的她，并不是最优秀的，她只是一个普通的大学生，没参加过任何选美比赛，也没得过任何奖项，因而在美女如云的引导员中，她只是一个没有任何身份、可被人随意调换的替补人员，没有太多的人关注她。

面对这样的情况，刘硕早已做好了准备，她深知要作为引导员出现在鸟巢上绝非易事，自己还有很长一段路要走，因此训练中她从不掉队，从不违纪，每次考核全部通过，有时还会替怕晒伤和请事假的队友上场。但她的努力并没有帮她正名，她仍是一个替补队员，当她看到不少和她一样的成员都因觉得前途无“亮”而离去时，她也曾动摇过，也曾退缩过，甚至曾在角落里默默流泪。

后来她转念一想："当初和大家一起被选上来的，就证明我们的特点是一样的，我有什么好怕的，又有什么不自信的？可能我没有你们头上的的光环，但是我有比你们更多的努力。就算是候补，我也要做最好的候补。"这样想过以后，她恢复了自信，重新打起精神，投入更艰苦的训练中。

当迎来最后一次彩排的时候，刘硕仍然是个候补，看着别人化妆，她心情很低落。为了让自己振作起来，她去洗手间洗了一把脸，等她回来时，一个老师通知她说："去吧，外边又调人了，这回有你，我跟他们说你不错。他们考虑让你试试。"当时，她心想，也许这次彩排会是我最后一次上场了，我一定用最好的表现走完鸟巢这一圈。开幕式上大家看不见我，我就当今天是开幕式，我要做最精彩的自己。最终，刘硕凭借着这次出色的彩排，得到了张艺谋的肯定，正式成为一名有"身份"的引导员。

刘硕从一名候补最终成为一名有"身份"的引导员，这期间她所面临的压力与挑战，所付出的努力都不是三言两语能够说得清楚的。虽然她也曾消极过，但对梦想的渴望唤回了她往日的自信，并靠着这种自信她突破了一个又一个难关，始终将自己最佳的表现、最美的笑容呈现给别人，最终获得了别人的肯定，为自己赢得了一张在鸟巢场上向世人展示自我的入场券。

从上面的两个事例中我们不难看出：要想改变自己的命运，要想收获成功，没有自信是万万不行的。没有自信就意味着自卑，一个自卑的人是干不成任何事情的。试想一下，一个连自己都看不起自己，对自己能力表示怀疑的人，凭什么让别人相信你能够把一件事情做好。所以说，人必须要建立自信心，拥有自信，会让人以奋发向上的劲头去干工作，会因为相信自己的能力而将工作做得更加出色，业绩自然节节高升。

6 好习惯:业绩的保障

根据行为科学研究结果表明:我们每个人一天的行为中,大约只有5%是属于非习惯性的,而剩下的95%的行为都是习惯性的。由此可见,习惯对我们有着深远的影响,我们的许多行为都是受习惯支配的,习惯的好坏在一定程度上左右着我们的成败。下面我们先来看一则小故事,你会从中充分认识到习惯的力量有多大。

一位富豪因为生前没有继承人,所以将自己的一大笔遗产赠送给远房的一位亲戚,这位亲戚是一个常年靠乞讨为生的乞丐。接受遗产后乞丐立即摇身一变,成了百万富翁,再也不需要靠乞讨为生。记者采访这名幸运的乞丐时问道:"你继承了遗产之后,你想做的第一件事是什么?"乞丐回答说:"我要买一个好一点的碗和一根结实的木棍,这样我以后出去讨饭时会更方便一些。"

上述故事中的乞丐本可以凭借富豪赠送的一大笔遗产让自己摆脱当乞丐的命运,从此过上好日子,可是他却受到习惯的支配,购买一套方便乞讨的用具是他成为百万富翁后的第一反应。我们不胜唏嘘的同时不得不感叹习惯的力量的确不可忽视!如此这般,如果我们能将好习惯带到工作当中去,就会使成功不期而至。

大学刚毕业的小王去一家公司面试,在坐电梯的过程中发现一位中年人提着一大包行李,看起来十分吃力,于是便主动跑过去帮他把行李拉进电梯,并朝电梯里拥挤的人群说道:"大家都挤一挤,真不好意思了。"

后来小王还帮着中年人将行李提出电梯外,送到他要去的地方。当小王赶到面试现场时,面试已经开始了,只见应聘者排起了长长的队伍。小王自动排在队伍的后面,心里不禁感叹道:

“哎，这次来应聘的人这么多，肯定有不少比我能力强、经验足的人，像我这样刚出社会的‘菜鸟’肯定没戏，不过就当是积累经验了。”这样想后，他便跟随队伍慢慢地向前移动。

还有十多位就轮到小王了，这时他看见前面有位应聘者在整理资料时不小心将资料掉在了地上，弄得到处都是。许多应聘者都看见了，可是都害怕自己辛苦排了很久的队被别人插到前面去，所以没有一个肯帮忙。当时小王并没有想太多，只是出于平时的一种习惯，当小王帮那位应聘者将资料一一捡回来的时候，果然自己原来的位置被别人给占去了。小王并没有埋怨和后悔，只是觉得自己做了应该做的事情，于是他又主动排到了队伍的最后面站着。

当天的面试进度进行得很慢，都下午五点钟了还没有面试完，这时有的人已经开始觉得焦虑不安，三三两两地交头接耳起来。当小王正在想着考官可能会问哪些问题时，一个人从经理室走出来，并将小王带到了经理室。

正当小王纳闷不已的时候，应聘成功的消息更是让小王怀疑自己的耳朵出了问题。“为什么聘用我？您甚至连我的简历都没有看呢?”激动过后小王平静地向经理问道。

经理面带微笑地对小王说：“第一，你上电梯的时候能够主动地帮别人提行李，并对大家做动员工作，让大家自觉地挤在一起，这充分说明你不仅乐于助人，还具有很好的组织能力；第二，你能够冒着自己的位置被别人占去的风险，依然坚持帮助别人把资料捡起来，这说明你心地善良，能够团结同事，就凭这几点，我们公司决定录用你了。”

上述事例中的小王之所以能够在众多应聘者中脱颖而出，这跟他平时培养的好习惯密切相关。好习惯促使他去做别人认为不起眼或是根本就不想去做的事情，而这样的事情通常是成功道路上的垫脚石。因此如果你想要做出业绩，想要收获成功，就必须培养良好的工作习惯，它会使你的工作如虎添翼，更上一层楼。

7 勤奋：赢得业绩的基础

我想大家对古代“悬梁刺股”、“凿壁借光”、“囊萤映雪”的故事都不陌生，孙敬、苏秦、匡衡、车胤他们之所以会成功，并不见得他们有多么聪明，勤奋好学才是他们成功真正的秘诀。华罗庚教授曾经说过：“勤能补拙是良训，一分辛劳一分才。”所以即使你天资比别人差，但只要你肯努力，就一定能够成功。

“跳水皇后”高敏并不是一个天生的完美跳水运动员，她所创造的“高敏时代”完全是靠着她辛勤的汗水打拼出来的。

高敏10岁进入省跳水队，虽然身体素质和身材都比较直，但脚尖却不直，这对一个跳水运动员来说无疑是一个不小的打击。为了矫正脚尖不直的毛病，高敏接受了教练的建议，每天都在改造过的“老虎凳”上训练，虽然疼痛难忍，她也咬牙坚持了下来。

1985年，高敏进入国家跳水队集训组，当时她的业绩并不出色，总教练对她的表现也很不满意，说她基本功太差，训练不动脑，比赛不会发挥，一上台就乱跳……高敏虚心接受了总教练的批评，所以当天晚上就给自己定了几个规矩：不仅要完成训练计划，还要保证质量；训练时不和别人闲聊，免得耽误训练；每天早起10分钟做准备活动，这样就能比别人多练10分钟……高敏正是靠着这份“勤能补拙”的干劲，终于在基本功方面比其他队友表现出色，同时也让总教练对她刮目相看。之后，高敏也一直靠着勤奋来克服接踵而至的挑战。

1986年，高敏为中国赢得了第一枚世界游泳锦标赛的跳水金牌，这在全国跳水界引起了轰动。拿到冠军的她，依然如故，每天总是第一个到，最后一个走。她告诉队长说："我要用超人的付出换取超人的成绩。"而她也真正做到了，不到一年时间，高敏用她的努力冲到了世界第一。

高敏的成功绝不是偶然，而是自己勤奋努力后的必然结果。一位哲人曾经说过："世界上能登上金字塔的生物只有两种：一种是鹰，一种是蜗牛。不管是天资奇佳的鹰，还是资质平庸的蜗牛，能登上塔尖，极目四望，俯视万里，都离不开两个字——勤奋。"由此可见：勤奋是迈向成功的垫脚石，只有勤奋才能让你拥有比别人更扎实的能力，才能遇到和创造更多的成功机会。

在现代职场中，勤奋同样应该成为我们必备的一种工作态度。只有勤奋工作，才能在工作中脱颖而出，才能因业绩的提升而受到老板的器重。

需要注意的是，勤奋工作并不意味着你要一刻不停地干，有时将自己弄得筋疲力尽也不见得出什么业绩，所以勤奋必须建立在巧干的基础上，这样方能提高工作效率和质量，确保事半功倍。

汉斯是一个德国农民，每当进入土豆收获的季节，他也和其他农民一样忙碌，不但要把土豆从地里收回来，还要将土豆运到附近的城里去卖。

为了卖个好价钱，需要事先将土豆按照个头大小分成大、中、小三类。可是这样做工作量实在很大，不得不起早贪黑地干，只为了快点把土豆卖出去。

汉斯不像其他人一样，他不做土豆的挑选工作，而是直接把土豆装进麻袋里运走；并且不走其他人所走的平坦的公路，而是专跑一条颠簸不平的山路。这样一来，由于车子不断颠簸，小的土豆就落到了麻袋的做底部，而大的土豆则自然留在了最上面。卖土豆的时候同样能够将大小分开。

正是靠着这种"偷懒"的办法，汉斯总能使自己的土豆最早上市，所以价钱自然比别人卖得高些。

事例中的汉斯也和别人一样靠着自己勤劳的双手发家致富，唯一不同的是，汉斯不仅勤劳，更有头脑，他之所以比别人成功，完全归咎于他的巧干。同样地，我们在工作中，也能像汉斯一样，做到埋头苦干的同时不忘抬头看路，这样业绩自然手到擒来！

8 准备：蓄势待发

著名法国科学家巴斯德曾经说过："机会总是偏爱有所准备的人。"所以一个人要想成功，就必须在机会来临前做好充分的准备工作，这样方能在机会来临时抓住机会，走向成功，否则只能看着机会从自己的眼前溜走而束手无策，空留遗恨。

阿尔伯特·哈伯德出生在一个富足的家庭，但他并不想靠着家庭的庇护碌碌无为过一生，而是想靠自己的努力干一番事业。因此他很早就开始了有意识地准备。他深知知识和经验是自己最为缺乏的，所以有选择地学习一些相关的专业知识，并利用一切可以利用的时间进行学习，如等候电车时他总会带上一本书，一边等车，一边看书。后来考入哈佛大学的他一直保持着这一良好的读书习惯，并努力学习一些更为系统的专业知识。

毕业以后，他多次去欧洲进行考察，之后开始积极筹备自己的出版社，为此他请教了专门的咨询公司，调查了出版市场，并从从事出版行业的威廉·莫瑞斯先生那里获取了许多积极的建议。之后，一家名为罗依科罗斯特的出版社成立了，由于准备工作做得好，出版社的业绩十分出色，他也名利双收。

充分的准备是赢得业绩的基础，这一点在阿尔伯特·哈伯德的身上得到了很好的验证。下面我们再来看一个反例，通过它我们可以更进一步地认识到：机会只留给有准备的人，成功之前，必须做好准备，否则即使有成功的机会你也抓不住。

从前有一位年轻的猎人，他喜欢带着空枪出门打猎，虽然其他的老猎手们都劝他把弹药装在枪筒里再出门打猎，但年轻的猎人却不以为然，心想反正我到达那里需要一个钟头，哪怕我要装100回子弹，时间也绰绰有余。于是，他放心地出门了。

但是，他还没有走过开垦地，就发现一大群野鸭密密地浮在水面上，于是他赶忙拿下猎枪装子弹，可其他的猎人们已经用他们的猎枪射杀了不少野鸭，没射中的早就逃走了，等到年轻猎人装好子弹后才发现哪还有野鸭的半点影子。

之后，他在荒凉的树林里找寻了半天猎物，但连一只麻雀都没有见到。天渐渐黑了，他的袋子依然什么都没有，但也只能拖着疲乏的脚步回家去了。

年轻猎人的遭遇虽然很值得同情，但那样的结果又怪得了谁呢？只能怪他自己，猎物都已经出现在他面前了，是他自己没有本事猎到。不是他的本事比别的猎人差，只是他连捕猎用的工具都没有准备好，就好比上战场的士兵没有武器一样，这样即使有再好的能力也无用武之地，更何况建功立业呢？

同理，如果我们对于自己的工作没有做好充分的准备，又怎么能因工作出现失误而怨天尤人呢？唯有准备充足，才能赢得业绩，进而赢得老板的赏识。

当然，准备需要时间和精力，更需要耐心，有时甚至要承受诸多痛苦。这就需要我们在机会来临之前不要感慨命运的无常，命运是公平的，它公正地对待每一个人，你付出多少劳动，它就给你多少回报。

镭元素是居里夫妇历时四年的研究才发现的，在此期间，他们克服了各种各样的困难以及别人的质疑与冷嘲热讽，终于从几十吨铀沥青矿废渣中提炼出十分之一克纯镭盐，并测定了镭的原子量。

当时他们为了买做实验用的沥青铀矿，花掉了全部的存款，变卖了所有值钱的东西，终于在奥地利一位教授的帮助下才买到十几麻袋沥青铀矿渣。为了找一个实验室，居里夫妇同巴黎大学进行交涉，回答他们的是一番无情的嘲笑，但他们并没有放弃，最后终于征得一个理化学校的同意，供给他们一个长期不用的木棚。木棚的地面是用沥青铺的，玻璃房顶破旧得不蔽风雨，室内只有两张破旧的桌子、一个炉子和一块小黑板。居里夫妇就是在这样一间夏不避燥热，冬不避寒冷的破旧棚屋内进行伟大的科学试验，将镭发现的。

孟子曾经说过："天将降大任于斯人也，必先苦其心志，劳其筋骨"，对于那些成功者而言这些艰难困苦也许就是成功前的准备运动吧！我们同样也要做好吃苦的准备，这样我们才能坦然面对工作中的"拦路虎"，将它们当做是成功前的一种历练，这样待你把"拦路虎"彻底清除之后，你会发现成功就在不远的前方向你招手。所以说，想要赢得业绩现在就开始准备吧！

9 高效率：赢得业绩的捷径

如今在职场中，存在这样一类员工：他们平时工作很卖力，并没有开小差，可是总感觉自己有做不完的工作，有时甚至不能按时完成上级交给他们的任务。任务完成得不好，业绩上不去，受到老板责骂的他们有时会觉得自己很委屈，为什么我这么努力地工作，却最终落得个这样的下场！在自怨自艾的同时必须有所反省：为什么同样的工作时间，同样的工作量，别人却比你早完成，甚或比你干得出色？我想工作效率的高低是问题的症结所在。美国当代趋势专家曾经说过这样一句话："你观察四周，看看速度如何影响一个人的成败，就会发现**赢家往往是那些最善于利用时间、最讲究效率的人。"**

所以说，要想在职场中站稳脚跟，要想比别人工作更轻松，要想获得比别人出色的业绩，学会高效率地工作是必须的。那么如何才能做到高效率地工作呢？把握三个原则可让你的工作事半功倍。

学会根据事情的轻重缓急来工作是原则之一。这一原则充分体现了辨证唯物理论中的主次矛盾，具体应用到工作中，就是优先处理那些非常重要、老板催得紧的工作，随后再处理那些可押后的工作。如果你将大多数时间都放在了次要工作上，从而忽略了主要工作的解决，最终会影响你的工作进度。“磨刀不误砍柴工”的典故恰好说明了这一点。

从前有一位农夫，他有两个儿子。一天，他给了两个儿子每人一把刀，让他们去山上砍柴。大儿子接过农夫手中的刀，便去山上砍柴了；而小儿子看到刀很钝，便先找了一块磨刀石将刀磨得锋利了，然后才进山去砍柴。傍晚的时候，两个儿子先后回来了，只见大儿子只砍了一小担的柴，却累得不轻；小儿子看上去很悠闲，却砍了一大捆的柴。

上面典故中的两个儿子很具有代表性，大儿子代表那些忙碌而无效率的人，而小儿子则代表那些轻松工作但工作效率高的人。由此可见，在工作中养成根据工作的轻重缓急来行事的好习惯十分重要，它能助你不再为繁忙的工作所累，花费很少的时间就能将工作完成、做好。

另外，做好工作计划，做到工作忙而有序也是确保工作效率高的一个原则。正所谓“凡事预则立，不预则废。”，如果你能够在工作之前就制定一个精细的工作进度表，并坚持按照此进度表行事，就能够把握好时间，在规定期限内顺利完成老板交付的任务，从而获得老板的赏识；相反，对于自己的工作毫无计划性，总是“临阵磨枪”，这样不仅会让自己疲惫不堪，也会因耽误工作进度而遭到老板的责难。

此外，善于利用零碎的时间来工作，也是有效提高你工作效率的一种原则。其实，你只要留心一下，就会发现平时在工作中，你有很多零碎的时间可以拿来利用，比如等待客户的空当。只要你能够将所有可以利用的零碎时间善加利用起来，你就能有效地提高你的工作效率。

林玉是一家顾问公司的业务经理，由于工作的需要，她大部分时间都是在飞机上度过的。林玉非常重视与客户维持良好的关系，所以她常常利用飞机上的时间写短签给她的客户们。一次，一位同机的旅客在等候提行李时与林玉攀谈道："我在飞机上就注意你了，因为在整个旅途过程中，你一直在写短签，我相信你的老板一定以你为荣。"林玉笑着说道："我只不过是有效利用时间，不想让时间白白浪费而已。"

从上述事例中我们可以看出：林玉就是一个善于利用零碎时间来工作的优秀人才。其实我们也能够做到，只要我们从现在起就付诸行动，将所有零碎的时间善加利用起来，就能做一些我们平时来不及做的事情，这样一来，工作效率就能快速提高，业绩也将有明显的改善。

10 专注：提升业绩的加速器

歌德曾说过这样一段话："一个人不能骑两匹马，骑上这匹，就会丢掉那匹。聪明的人会把分散精力的事情置之度外，只专心致志地学一门知识，学一门就要把它学好。"由此可见，人的精力是有限的，只有专注做一件事情，才能将事情做好，做得成功；相反，抱着"吃着碗里的，望着锅里的"这样的心态去做事，最终会一件事情也做不好。

赵洋大学毕业后在一家公司做技术员，他非常聪明，也很勤奋。为了在工作中能够有更出色的表现，他准备多拿几个证书，于是同时报考了速录师资格考试、中文本科自学考试以及律师资格考试。之后在工作中，他为了要参加速录师资格考试而推掉了一个关键业务的出差任务；公司业务忙需要他加班，而他以参加中文本科的自考培训班为由，向老板请假不去公司加班；将每天的空闲时间都拿出来背诵法律条文而不管当天的工作任务是否完成。

由于他三番两次地推掉工作，老板对他的行为很不谅解，已经向他发出警告，要他多将心思花在本职工作上。但赵洋对于老板的警告不以为意，认为自己并没有做无用的事情，他现在所做的一切是为了要提升自己，对自己日后的工作肯定有帮助。

后来，他的确将三个证书都拿下来了，可是由于他把大部分的精力都放在了考证上面，对自己的本职工作没有上心，严重影响了他的工作效率，对此老板感到极为不满，以至于动了要辞退赵洋的念头。

实例中赵洋的行为是本末倒置的典型表现，虽然他的进取之心值得表扬，但他并没有认清工作与考证谁是本、谁是末，误将考证当成了“本”，并花费绝大多数的精力去经营，结果让真正的“本”——工作，因没有足够的精力去经营而逐渐失去了往日的辉煌，这样下去连保住饭碗都难，更何况是创造业绩。

所以说，我们要想在自己的工作岗位上做出一番业绩，三心两意是行不通的，“三天打鱼两天晒网”的做法也是不可取的，唯有专注才能创造出最棒的业绩。因为只有你将全部精力都放在工作上，你才能不被周围的环境所干扰，一心一意做好本职工作，精力不外漏的结果就是让你尝到了成功的甜头。

王科年仅30岁，便是广东一家电器公司的董事长、总经理，身价亿万。当他被问及成功的秘诀是什么时，王科的回答是：专注。

当年他只身一人来到广东打工，后来在一家工厂里找到了一份工作。在工作中，王科心无旁骛，专心做好自己的本职工作。一次，工厂的老板去他那里巡视，其他的工人都对老板很好奇，于是纷纷伸长了脖子观望，只有王科一个人埋头工作，不去看热闹。而正是这种对工作专注的态度为他赢得了成功的机遇。不久之后，他便得到了提拔。在以后的工作中他也一直靠着对工作专注的态度，一步步走向成功。

王科从一个打工仔变成一个亿万富翁，这样传奇的成功经历告诉我们：一个人想要取得成功其实并非是一件难如登天的事情，他并不一定要有聪明的才智、良好的出身这样的外在优势，只要他能将自己的奋斗目标锁定一处，并为此全力以赴，这样的人照样能够取得成功。所以我们做员工的，不必担心自己永远没有出头之日，只要我们能够专注于自己的本职工作，全心全意服务于工作，这样就能提升自己的业绩，获得老板的赏识。

11 精业：创造非凡业绩

在职场中，作为员工都想着创造出非凡的业绩，通过业绩来证明自己的能力，获得老板的肯定。但业绩从哪里来，它并不是凭空想象出来的，需要你自己去创造，而前提是你必须精通它，成为这一行业的专家，唯有如此，你才能创造出别人无法超越的业绩。

罗国洲是重庆煤炭集团永荣电厂的一名员工，他在自己平凡的工作岗位上创造着非凡的业绩，成为国内远近闻名的“锅炉找漏高手”和“锅炉点火大王”。

有副“神耳”的他，只要他围着锅炉转上一圈，就能在炉内的风声、水声、燃烧声和其他声音中，准确地听出锅炉受热面是哪个部分管子有泄漏声；往表盘前一坐，就能在各种参数的细微变化中，准确判断出哪个部位有泄漏点。

除了找漏以外，罗国洲还练就了一手锅炉点火、锅炉燃烧调整的拿手绝活。针对锅炉飞灰回燃不畅的问题，他提出了技术改造和加强投运管理的建议，这一方案实施后可使飞灰含碳量降低到8%以下，锅炉热效率提高了4%，一年下来为公司节约资本32万元。后期他又针对锅炉传统运行方式存在的问题，提出了“恒料层”运行，经过实施，解决了负荷大起大落的问题，使煤耗下降0.4克/千瓦时，年节约200多万元。

为什么罗国洲会有这么大的能耐，从一个烧锅炉的最后成为技术精湛的锅炉技师，并享有“锅炉找漏高手”和“锅炉点火大王”的美誉？是“精业”成就了他，“精业”让他在自己的本职工作中精益求精，刻苦钻研业务知识，提升自己的业务技能，从而成为本行业的排头兵。因此可以这样说，如果你对本职工作抱有敷衍了事的态度，不敬业更不精业，那么你很难在工作中做出业绩，也得不到上司的器重；只有当你全身心地投入到工作中，才有可能发现工作中存在的问题，并通过自身努力将问题解决得很完美，同时为公司创造了效益，这种敬业更精业的工作态度会让你创造出非凡的业绩来，公司老板自然对你另眼相看。

世界石油大王洛克菲勒年轻时曾在一家石油公司工作过，一没学历、二没技术的他，分配去干一项全公司最简单、最枯燥的工序：检查石油罐盖有没有自动焊接好。于是，每天洛克菲勒都看着焊接剂自动滴下，沿着罐盖转一圈，再看着焊接好的罐盖被传送带移走。

就这样过了半个月，洛克菲勒终于忍无可忍，于是找到主管，请求让他做别的工种，但被主管给拒绝了。无计可施的洛克菲勒只好再次回到焊接剂旁，做着之前的工作，不过心理有了重大的转变，心里想着，既然换不到更好的工作，不如就先把眼前这个不好的工作做好再说。于是他开始认真地检查罐盖的焊接质量，并仔细研究焊接剂的滴速和滴量。后来他发现，每焊接好一个罐盖，焊接剂要滴落39滴，而经过周密计算，实际只要38滴焊接剂就可以将罐盖完全焊接好。之后他又反复进行了测试、实验，最终研制出“38滴型”焊接机，这种新型的焊接机一年下来可为公司节省出几百万美元的开支，而他也因此受到公司的器重。

从洛克菲勒的故事中我们可以看出：平凡的岗位上照样可以创造出非凡的业绩，只要你精业，也就是说，工作本身并没有好坏之分，之所以能分出好坏，完全在于你个人的态度上。当你对待工作漫不经心时，你便会觉得工作之于你毫无任何乐趣可言，当然根本不可能做出什么业绩；一旦你能改变态度，对待工作认真负责，敬业的过程很容易培养出精业的品质，这样一来你就能成为解决问题的高手，就能在工作中不断做出精品，创造非凡业绩。

第八章　关键时刻做出业绩

常言道:“疾风知劲草,烈火炼真金。”在职场中,想要一“战”成名也不是不可能,只要你能够在关键时刻大显身手,定会让领导格外器重你。当然,为了这关键的一刻,你必须要积累深厚的资本,付出比别人多百倍,甚至千倍的努力才行。

1 乐于做别人不愿意做的苦差事

在职场中，有些工作是大家都避之唯恐不及的苦差事，可是既然事情已经摆在那儿了，总得有人动手去做。在这种情况下，如果你主动去做那些别人不愿意去做的苦差事，那么你赢得的不仅仅是同事对你的好感，你的所作所为也会让老板看在眼里，记在心里，那样属于你的成功将指日可待。

小韩是个挺有理想、很单纯的女孩，中专毕业后在一家公司找到了一份工作，在她的工作周围有许多员工都比小韩学历高，小韩看着他们工作环境好，工作理想轻松，羡慕之余总觉得自己跟别人差距太大，想要受到老板的重用根本是难如登天，因此工作总提不起劲来。没干多久她就辞职了，又找到一份在一家婚纱连锁店做门店销售的新工作，到新单位上班前，她找朋友帮她出点子，看怎样才能出人头地。

"其实很简单，你不用担心自己学历低，也不要担心自己技不如人。你只要照我的话去做，你马上就可以出人头地。"朋友听完小韩的想法后，笑着对她说道。

小韩听朋友这样一讲，兴奋不已，便央求着朋友赶快告诉她成功的诀窍。

"乐于去做别人不愿做的'苦差事'。"朋友回答说。

"就这么简单吗?"小韩听了朋友说的话不免有些失望，也有些不相信。

"对！就这么简单，你去发现哪些事别人不愿意做，把它记下来。不管这些事多么简单，你去做，要高高兴兴地把它做好。你一定要相信这句话的魔力，并最少坚持3个星期。"

"好的，我相信你！我一定会照你说的话去做的。"小韩信任地点点头。

过了3天，小韩又去找她的朋友，并高兴地对朋友说道："我和同事都成了好朋友，大家都喜欢我，老板夸我很勤快，我挺开心！"

"这样很好呀！你现在已经成功了一半。只要你继续坚持做下去，你就一定会得到你想要的。"朋友鼓励道。

"恩，我现在发现你说的话真的很有魔力，现在我已经开始相信我会出人头地的。"

果然，2个月之后，小韩被老板提拔为店长，成为这个品牌婚纱店中国最年轻的店长。

小韩能够从一个不起眼的小职员最后成为一名深受老板重用的店长，这和她的"傻劲"是分不开的。在第一份工作中她只看到自己与别人之间的差距，并因此自怨自艾，所以自然找不到成功的突破口。而在第二份工作中，小韩经过朋友的一番开解，认识到自己也有成功的可能性，那就是去做别人不愿意去做的"苦差事"，并把它做得尽善尽美！小韩正是靠着这样一股"傻劲"，才在工作中做出了令人满意的业绩，从而得到老板的器重。

老子曾经说过："天下难事，必作于易。"所以我们想要成功，不妨先从别人不愿意做的事开始吧！"苦差事"通常是你展露才能、勇气和责任心的大好机会。当然，在做这样的"苦差事"之前你必须做好相应的心理准备，因为通常这一类事情大都是非常辛苦而且吃力不讨好的，有时即使你付出了全部的心力，也不一定能赚出别人的一声"感谢"。但是你要将眼光放得更远一些，或许现在你的行为在别人看来是徒劳无功的，甚至是"瞎忙活"，但日后说不定就会有意外的收获。

查理在一家公司的收发室担任临时工，当时公司被一家高科技公司收购，裁员势在必行，这导致公司人心惶惶，许多员工无心工作。但查理依然尽职地做好自己分内的事情，先把报纸、信件送到各个部门，然后再回来打扫卫生。别人对于他的行为很不理解，认为他这是白费力气，新公司是不可能要他这样的临时工的。查理心里也明白，但他只想站好最后一班岗，对于自己的去留并没有太在意。

终于，交接的一天到了，查理深知这也许是自己在公司的最后一天了。所以干得格外仔细。这时，有一位年轻人走过来问他：“好多人都不来公司了，你怎么还这样卖力工作？”

“明天我也不来了，但今天的事情还得做完、干好，等我把钥匙交上去了，就可以放心地走了。做事总得有始有终呀！”查理回答道。

随后，他又将门房收拾干净，有点摇晃的桌椅修理好了，下班时交接完钥匙才放心地走了。

第二天，公司宣布留用的名单里面竟然有查理的名字。原来那位年轻人就是新公司的董事长，他认为查理是一个十分敬业的员工，能够在公司多事之秋仍然将自己的本职工作做好，实在难能可贵！

事例中的查理由一名临时工变成正式员工，这跟他的敬业是分不开的。所以说，如果你能够将别人眼中的“无用功”做好，做得尽善尽美，你就能够进入他人所无法达到的境界，获得他人得不到的丰厚回报——老板的器重。因此，想要做出业绩，收获成功，先做一头“孺子牛”吧！

2 大胆地提出合理化建议

现代企业中，那种安分守己的员工已经不再是老板心目中的优秀员工，他们真正欣赏的是那种时刻关注企业动态，对公司发展有想法，能够向公司提出合理化建议的“深谋远虑型员工”。因为在他们看来，那些能提出合理化建议的员工是真正关心企业、了解企业的人，真正把自己当成是企业的一分子。试问，如果一个员工对企业漠不关心，那么他能提出什么合理化建议?

卡佳是IMB公司的一名制图员,为了查找资料,每天都要跑好多趟资料室,费时、费力,很是辛苦。有一次,卡佳看着办公室,突然一个想法穿入他的脑海里,心想要是将办公室的格局改变一下,让办公桌之间挨得更近些,这样一来就可以腾出一部分空间来放几个书柜,资料有地方搁,也就不用经常往资料室跑了。

卡佳把他的想法对上司说了,上司觉得很不错,便采纳了,果然这样节省了不少时间和精力。为了奖励卡佳所提出的合理化建议,公司根据发明创造奖的标准,每年给予卡佳相当于纯节约额25%的奖励金额。

事例中的卡佳是一个敢于提出合理化建议的优秀员工,诚然,他每天所面临的困扰其他同事也逃脱不掉,但为什么只有卡佳将困扰提出来,并顺带提出自己的建议?难道其他同事都比卡佳笨吗?不是的,只是在于他们习惯保持沉默,不愿将心中所想表达出来罢了!这样不仅不利于企业的发展,更有可能因此丧失一个表现自己的机会,让自己的潜能被埋没。所以说,大胆向公司提出合理化的建议很重要,是一件“利公司、利自身”的大事情。

但是,我们必须要注意一点,提建议的前提必须是“合理化”,所谓的“合理化”就是必须根据公司的实际情况具有可操作性,而不是毫无依据的夸夸其谈。

20世纪70年代,日本的蛋糕生产呈现饱和状态,其中一家名为“明治糖果”的公司虽然采用登报、上电视、印制推销单等手段进行广告宣传,可惜效果都不是很好。眼看圣诞节将至,可是蛋糕的销路还没有打开,公司老板忧心如焚。

就在这时,一位员工向老板提出这样的建议:在公司每天早上所配送的鲜奶瓶上挂一张精致的小卡片,上面印上公司圣诞蛋糕的卡片,背面附上蛋糕的订货单。这样一来,只要客户想订蛋糕,只需在订单上签个名即可,第二天公司在回收奶瓶的同时可顺便将蛋糕送来。

老板听完这位员工的话,觉得值得一试,很快便推出了一批别致的广告卡片。果然,一经推出便反响热烈,短短几天时间,公司就接到了3000多盒圣诞蛋糕的订货单。

事后,老板找到这位员工,问他是怎么想出这个“金点子”的,员工回答道:“我认为登报、上电视、发传单等这样的做法,并不是每个人都有时间去关注的,另外现在有不少人对广告已经感到腻烦和厌恶,所以公司想着依靠传统的广告方式来打开市场销路真的很不容易。可是我想咱们公司每天都会给客户送奶,不防趁这个机会因势利导、见缝插针地做广告,这样既不浪费处于快节奏生活状态的主人时间,又方便了他们订货的手续,他们自然愿意,成功是意料之中的事情。”

事例中的员工结合社会趋势及公司实际,想出了一个可以帮助公司打开销路的“金点子”,不仅合理,而且具有创造性。

我们同样也可以为公司的发展贡献自己的一份心力,只要自认为对公司有帮助的建议,都可以大胆地提出来,即便建议最后没有被老板采纳,但你为公司着想的那份心意,做老板的一定会感受的到,这样的你会受到老板的关注,出头之日指日可待。

所以从现在开始就做一个敢说话,说“好”话的员工,为此要从热爱自己的本职工作做起,它是我们发现问题、提出建议的前提。试想,一个对自己的工作毫无兴趣的员工怎么可能发现问题,在他们看来恐怕那些问题的存在是“理所当然”的吧!此外,应学会站在公司的角度思考问题,这样才能确保提出的建议“合理化”,而不是“理想化”。

3 勇于挑战高难度的工作

西方有句名言这样说道:**“一个人的思想决定了一个人的命运。”**由此可见，决定你最终成功与否的关键因素在于你能否勇于挑战自我，接受高难度的工作。试想一下，如果立场互换，你是公司老板，员工总在接到任务时向你抱怨，“老板，这太难了，根本不可能做到……”你会怎么想，失望是肯定的，也意味着你对他的印象大打折扣；反之，如果你的员工自信地对你说，“老板，我想试试看，我一定会努力做好的……”你对这样的员工肯定会刮目相看。所以说，不要轻易对你的老板说“不”，而要勇于挑战高难度工作，将“不可能”变为“可能”。

伍尔夫和吉姆同是一家公司的设计师，因为交易会的来临，他们都接到了新的工作内容，就是分别为两家著名企业的展位进行设计，但标准比以往更为严格。

看完客户要求的吉姆不由得抱怨说：“这怎么可能？怎么可能达到这样的要求，简直是‘不可能完成的任务’。”对于这样一个“不可能完成的任务”吉姆懊恼之余便决定不再花费过多的心思在它上面，心想反正没有人能完成这样的任务的，于是他便按照以往的标准设计了展位。当客户看了吉姆的初稿后，大失所望，并明确表示他们会再换一家设计公司。这样的结果让吉姆更为沮丧。

而伍尔夫接到案子以后，也感到了一定的压力，风格不同以往，又没有往例可以参考，这无疑是一项很有挑战性的高难度工作。伍尔夫虽然感到有些为难，但同时也有些高兴，带些兴奋，他想，这次的工作任务对于自己来说是一个非常好的锻炼机会，自己一定要好好把握。为了获取新的灵感，他付出了大量的心血。苍天不负有心人，终于让他在海洋世界的纪录片中获取了灵感，设计出来的展位美轮美奂，让客户和老板都十分满意。

上述事例中的伍尔夫和吉姆虽然同是设计师，但对待工作的态度却截然相反。吉姆习惯对高难度的工作说“不”，所以行动上也不够积极，总是“旧瓶装新酒”，没有任何创意，客户自然不满意，老板同样也不欣赏；而伍尔夫则恰好相反，他喜欢挑战高难度的工作，勇于将“不可能”转变成

“可能”,而正是靠着这样的勇气,他才能创作出有新意的设计方案,从而获得客户和老板的认同。

因此,如今老板心目中的理想员工应该是那些拥有奋斗进取精神,勇于向高难度工作挑战的人。需要注意的是,具有接受高难度工作勇气并不意味着你一定能够成功,最重要的是将这份勇气坚持不懈地延续下去,直至成功的到来。

莫里斯和查德是一对亲兄弟,他们曾多次联手创办企业,但却总是失败。1937年,经历多次挫折的兄弟俩,抱着永不服输的心态,决定借钱开一家“汽车餐馆”,就是由餐厅服务人员直接将三明治、饮料等送到车上,相当于一个路边餐厅,当时在全美只此一家,因为其新颖的经营方式,“汽车餐馆”红极一时,深受当时人们的热捧。但好景不长,随着越来越多的人效仿,“汽车餐馆”如雨后春笋般出现在人们的视野中,兄弟俩的生意大不如前,甚至面临倒闭的危机。

面对困难,兄弟俩并没有意志消沉、一蹶不振,而是重整旗鼓,挑战以往辉煌的战绩,将经营理念重新定位,冥思苦想之后决定在“快”字上做文章,于是以“想吃花哨和高档的请到别处去,想吃简单实惠和快捷的请到我这儿来”为经营理念的全新“快餐店”再次一炮而红,蜂拥而至的顾客再次让兄弟俩的生意“火”了起来。

之后,这兄弟俩又相继推出了纸盘、纸杯等一次性餐具,以及进行厨房自动化革命等来应对一波又一波的难题,最终将他们推向了快餐业举足轻重的地位。

这兄弟俩的成功秘诀在于:他们具有战胜和超越自我的决心和勇气,并将这份决心和勇气付诸实践当中。正所谓“心有多大,舞台就有多大”,他们正是靠着一份追求成功的心意,才能够最终在餐饮行业拥有属于自己的不可撼动的舞台。

同样地,对于我们来说,要想在职场中拥有属于自己的一片舞台,必须也要具备勇于挑战高难度工作的勇气，并将这份勇气付诸问题的解决过程中，这样才能够做出业绩。

4　在困难中创造业绩

进入职场以后，职业生涯不可能是一帆风顺的，遭遇困境是在所难免的事情，那么你该用什么态度来面对困难呢？请记住这样一句话："困难，对于弱者来说是拦路虎；但对于勇敢的人来说，困难只是成功路上的垫脚石！"

里克是一家报业公司的总经理，他刚到公司那会儿做的是广告业务员的工作，因为聪明好学，而且从不偷懒，所以里克创造了十分优秀的业绩。

一天，里克被他的上司叫到办公室，上司并没有跟里克说他要升迁的事情，而是告诉里克说："你非常优秀，但我相信你能够变得更优秀。现在有一件事我希望能够得到你的同意，那就是从现在开始你没有底薪，只按广告费抽取佣金，当然抽取的比例比以前要大得多。"显然，此时的里克陷入了两难的抉择中，如果否决了上司的提议，自己有底薪可拿，这样对自己也算是一种保证，但没什么前途可言；若接受上司的建议，虽然风险也不小，但一旦做成功，利润不但可观，自己的能力也能得到很好的锻炼。权衡再三，里克决定接受上司的提议。

于是，里克马上开始了第一轮的工作，他列出了一份名单，上面有二十位不好对付但对公司十分重要的客户，并给自己定下了两个月的期限拿下他们。其他的业务员都认为里克的行为很不理智，甚至是天方夜谭。但里克却对自己充满了信心，一一去拜访他们。第一天，里克凭借自己的努力和智慧，成功与三位客户达成了合作意向；没过几天，他又拿下了两位客户；到月末的时候，他已经与十九位客户谈成了交易，只剩下一位“难缠的老头”(一家商店的老板)。面对这样的结果，同事们都认为他已经算是成功了，没有必要再理会老头。但里克并不打算放弃，进入第二个月后，他一方面挖掘新的客户，一方面仍努力去说服那位商店的老板，但每次都遭到老板的严词拒绝。

眼看第二个月就要过去了，这天里克又来到这家商店，这次商店老板口气和缓了许多，问道：“你已经浪费了两个月的时间在我身上，我现在想知道的是，你为什么要这样做?”

“我并没有觉得是在浪费时间，和您打交道本身就是一种收获，即使你不买我们公司的广告，我也从您身上锻炼了自己克服困难的意志。”里克平静地回答道。

老人听完里克的话后笑了，说道：“年轻人，你很聪明，也十分踏实肯干，我相信有你这样员工的公司一定也是一家优秀的公司，所以我决定买一个广告版面。”

里克在这场持久战中赢了，不仅如此，不久之后他便被升为广告部的经理。日后他依然是靠着这份克服困难的勇气成了这家报业公司的总经理。

里克的成功告诉我们：困难其实并不可怕，反而能够激发我们内在的潜能，勇敢的人能将困难化为一种机遇，成为成功的重要契机。

有一位哲人曾经这样说道：**“许多人的生命之所以伟大，是因为他们承受了巨大的苦难。”**杰出的人才往往都是在苦难中走出来的，因为他们都懂得：**困难与希望是相伴而行的，挑战和机遇也是并存的，**只要我们能够有面对困难和挑战的勇气，那么希望和机遇也在不远的前方等待着我们。

布鲁金斯学会素来以培养世界上最杰出的推销员闻名于世，它有一个传统，就是为每一期即将毕业的学员设计一道能够体现推销员能力的实习题让他们去完成。

克林顿当政期间，学会出的题目是将一条三角内裤推销给克林顿，可是8年来没有一位成功者。当克林顿卸任、小布什就职后，学会又把题目换成了将一把斧头推销给小布什。

鉴于前8年的失败和教训，许多学员知难而退，认为不可能有成功的可能性，因为总统什么都不缺，即使缺什么，也用不着亲自去购买。

被许多人认为不可能办到的事情，一个名叫乔治·赫伯特的学员却做到了，而且没有花费很长的时间。他在接受记者采访时说道："我认为，把一把斧子推销给小布什总统是完全可能的，因为他在德克萨斯州有一个农场，里面长着很多树。于是我便给他写了一封信，信中这样写道，有一次，我有幸参观了你的农场，发现里面长着许多矢菊树，有些已经死掉，木质已经变得松软。我想你一定需要一把斧头，但从你现在的体质来看，一些新小斧头显然太轻，因此你仍然需要一把不甚锋利的老斧头。正巧我现在手中有一把这样的斧头，很适合砍枯树。假如你有兴趣的话，请按照这封信所留的信箱给予回复……最后他就给我汇过来了15美金。"

因为乔治·赫伯特所取得的骄人成绩，布鲁金斯学会特地将刻有"最伟大推销员"的一只金靴子赠予了他。

乔治·赫伯特在困难面前不屈服，并利用自己的智慧战胜困难，这使得他最终站在成功的巅峰，而不像其他人一样还在成功的山脚下徘徊不前。

其实现在很多员工在工作中遇到困难时，都采取能避则避，避不了就撤的消极处事态度，不去为成功做进一步的尝试和努力，这是非常不可取的。其实困难就像弹簧，你弱它就强，你强它就弱，所以只要你拿出蔑视困难的心态，克服困难的勇气与行动，困难便会识趣地从你眼前消失掉，成功的希望会逐渐在你的眼中、心中明朗起来，这样，创造出惊人的业绩指日可待！还等什么，赶快动手清除掉挡在你成功道路上的"绊脚石"吧！

5 关键时刻挺身而出

身在职场中的人都希望自己的前途一片光明，薪水待遇丰厚，深受老板赏识，但这一切都必须你自己去争取，如果你只是公司中一个不起眼的小员工，业绩不佳，能力不强，老板又凭什么重用你，拿出那么多钱供着你。所以让自己变得强大，能够在关键时刻挺身而出为老板分忧解难，替公司创造利润，这样的你也有获得相对等的待遇。

杰克是一家大型企业的机修工，身高一米五三，学历也很低，只有初中文化程度，按常理来说，他肯定是一个自卑的人，然而恰恰相反，他是一个很有自信的人，薪水也比一般的职员要高出很多。

刚进公司那会儿，杰克只是一个普通的流水线上的操作工，但他勤奋、好学，乐于钻研，业余时间不像其他同事一样闲着，而是跟在师父的后面看他如何维修机器，日子久了，他渐渐熟悉了车间机器的安装与维修，另外他还自己摸索出了一些零件维修的诀窍。

突然有一天下午，整个车间的机器都停止了运转，这让老总慌了手脚，因为平常负责维修机器的师傅因病回家了，如果车间停产几天，跟外商已经谈好的合同可就要泡汤了，还要支付对方巨额的赔款。

就在这种关键时刻，杰克主动请缨，表示自己懂得一些维修的知识。老总虽表示怀疑，但最后还是决定让杰克试试。于是杰克换上工作服，拿着工具箱，钻进地下两米深的放发动机的地方仔细查看了机床的链条，后来他发现导致机器停运的原因原来是链条上的一个小缺口错位所致。于是，他很快用钳子将缺口矫正过来，没过一分钟，车间便恢复了正常运作。

从这以后，杰克便成了厂里优秀的专业维修人员。老总也开始重用他，公司凡是有活动，总是第一个注意他，最后他成了老总身边一个不可或缺的人物，而那些长得比杰克高大，学历也比杰克高的员工，老总还叫不出他们的名字。

杰克用自己的实际行动证明：外在的优质条件并不能助你在工作中平步青云、扶摇直上，而内在的优质条件却可以。做老板的最看好的就是那些能够在关键时刻挺身而出为自己、为公司解除难题，创造收益的人才。

但需要注意的是，那些一"战"成名"的优秀员工其实并没有你想象的那么聪明，他们的智商也和你差不多，区别只是在于他们比你要勤奋，在没有成名之前，他们肯定为此默默无闻地努力着，一旦时机成熟，便是他们大展身手的时候。

曹娟在一家服装公司从事销售工作，业绩一直不错。可是公司为了开拓第三市场，决定减少服装的生产量，裁减员工，以达到压缩成本的目的。

公司的这一决定弄得员工是人人自危，生怕裁员裁到自己的头上。可是曹娟却镇定自若，似乎没有太在意。最后，她所在的销售部门人员走了一半，就连副总管都被辞退了，可曹娟不仅留了下来，还被升为副总管。

有些人对此疑惑不解，甚至怀疑曹娟肯定是走了"后门"，托了关系，直到后来才知道完全是一场误会，曹娟完全是凭借自己的实力才得到现在的地位。

原来，曹娟在平时工作中就十分注意整理所有的客户资料，后来利用业余时间学习的编程为公司建立了一个庞大的数据库，它为销售渠道的正规化提供了科学的依据，大大提高了工作效率。她的这一举动受到了公司领导的关注，并将她所建立的数据库应用于销售中。升职后的曹娟除了将销售方式正规化外，还积极联系境外的销售客户。一次，与意大利客户签单时，曹娟竟然用流利的意大利语跟客户交谈，这一发现让总经理欣喜不已，不禁对她更加器重。不久之后，曹娟便升为副总经理，成了公司的骨干人员。

从上述曹娟的例子中，我们可以看出：不管你身在哪一个部门，身处哪一种职位，你都有成功的可能性，只要你能在平日的工作中韬光养晦，充实自我，那么终会有出头之日。因为做老板的永远喜欢那种能带给自己无限惊喜的员工，积极主动的员工，关键时刻挺身而出向老板施以援助之手而不是袖手旁观，甚或落井下石的员工。

正所谓“养兵千日，用兵一时”，如果你在平时就勤下苦功，磨快你手中的宝剑，那么真到需要你冲锋陷阵的时候，你一定能够建功立业，声名大噪。不妨现在就开始锤炼自己吧，这样方能在关键时刻挺身而出，做出惊人的业绩来！

6 坚忍不拔，终会成功

我们想要在自己的工作岗位上成就一番事业，仅仅有能力是远远不够的，坚忍不拔的品质才是我们真正所需要的，毕竟在现实生活中，每个人都难免遭遇失败和挫折，即使你是一个优秀的人。所以最终决定你是否能够成功的关键在于：失败和挫折面前能否持之以恒地朝自己既定目标前进，能够不惧失败，具有跌倒了随时可以爬起来的勇气和毅力。

一家园艺所重金征求纯白金盏花，在当地曾经造成一时的轰动，想要获得高额奖金的人们纷纷投入种植金盏花，可惜开出来的花朵不是金色的就是棕色的，要想种植出纯白色的金盏花并不是一件容易的事，所以不久之后很多人就放弃了。

可是就有这样的一个爱花之人，当她看到征花启事时也很心动，于是下定决心一定要种出纯白金盏花。同样地，她和其他人遇到的情况一样，反复种出的花朵都不是纯白色。可是她不顾儿女们的反对，依然坚持干下去。就这样日复一日，年复一年，转眼间20年过去了，而她终于也如愿以偿，成功得到了纯白金盏花的种子。

于是她便把种子寄给了当年的那家园艺所，此事在当时引起了轩然大波，轰动不亚于20年前的重金征求启事，古稀老人20年如一日，辛勤培育花种的事迹也在人们当中流传开来。

古稀老人的成功让我们看到：成功不仅仅是一种结果，更是一种奋斗过程，没有天生的成功者，只在于能否比别人有毅力，能否在别人都放弃的时候你坚持下来。

当然，在坚持的过程中，你也许会遭到别人的劝阻、冷嘲热讽，甚或指责，这些都很正常，但不要让这些消极的情绪影响你，坚持做你认为对的事情，直到成功为止。

从前，在荷兰的一个小镇上，来了一个叫列文虎克的年轻农民，他的工作是为镇政府看大门，工作之余，他并没有像其他人一样下棋、打牌，而是喜欢磨镜片，为此还到处“取经”，向眼镜匠学习，向炼金家求教，并且经常磨镜片磨到深夜。

由于一心钻研磨镜技术，减少了与亲友的往来，以至于被人骂成是“不近人情的家伙”。对此，列文虎克并没有太在意，而是锲而不舍地坚持干下去，终于制成了当时无与伦比的精细显微镜，揭开了科技尚未知晓的微生物世界的“面纱”。为此他被授予巴黎科学院院士的头衔，英国女王访问荷兰时还专程到列文虎克工作的小镇拜会他，英国皇家学会也选他为会员。

列文虎克的成功并非一帆风顺的，他在这其中的艰辛、枯燥、乏味，以及所承受的人情的压力都是我们无法想象的，但他还是凭借坚忍不拔的意志和锲而不舍的精神走过了通往成功道路上的荆棘路，收获了用自己的汗水浇灌出来的绚丽的成功花朵。

正所谓“不经历风雨怎能见彩虹”，也许我们在通往成功的道路上会经历一次又一次的失败，但永远不放弃对成功的渴望是我们能够走下去的动力,如果连你自己都放弃了自己,那么谁也帮不了你。但需要注意的是,坚持下去并不意味着你要重复做着你以前做的事情,而应该从失败中总结经验教训,从而找到最正确的方法。

有“发明大王”美誉的爱迪生一生共有约2000项创造发明,为人类的文明和进步做出了巨大的贡献。现在我们在生活中不可缺少的电灯就是他发明的,据说当时他在研究什么材料最适合做灯丝时曾做过一千余次的实验,但一次次的失败并没有让他灰心丧志,而是失败过后重新振作起来,选定另一种材料继续实验,就这样他最后终于找到了钨丝是最适合做灯丝的材料。

失败中不断改进方法,坚持做对的事情,那么你终会走出寒冷的冬天,进入温暖的春天,等到收获的秋天。所以坚持吧!即使现在的你在工作中没有什么惹眼的表现,业绩也不够突出,但只要你不放弃,坚持下去,属于你的成功终会来到!

7 超越自我,充分发挥个人潜能

曾经有这样一则报道:

年仅17岁的美国高中生汤姆,假日帮父亲在农场干活的时候,不慎被机器绞断了双臂。然而他并没有坐以待毙,等着别人发现他,而是强忍剧痛,跑到200多米远的电话亭处,用牙齿咬住铅笔拨通了一家医院的电话。当医生赶到时,他异常冷静地嘱咐医生,别忘了带上他的两只断臂。最后,经过治疗,汤姆的双臂又完好如初。

突如其来的巨变,将汤姆求生的本能激发出来,在平时他可能想象不到他会有如此勇敢的一天。所以说人的潜力是无限的,只要为它提供一种适合它成长的环境,那么终究会被激发出来,带给人们无限的惊喜。

马歇尔在戴维斯的店里学着招揽生意,一天他的父亲去店里看他，可是当时他并不在店里，关心儿子的父亲便向戴维斯询问马歇尔的学习情况。

戴维斯回答道："他确实是一个稳重的好孩子，这毫无疑问。不过，因为他天生不具备做商人的资质，即使在这儿学上十年，也不会成为一个出类拔萃的商人。你还是带他回乡下学养牛吧！"

被劝退回家的马歇尔并没有回乡下养牛，而是去了芝加哥，在那里他亲眼目睹了许多贫穷的孩子做出了令人吃惊的事业。这对他有很深的触动，心想："为什么别人能做出一番惊人的事业，我却不能？"在这之后，他的斗志被激发出来，想要成为一名成功商人的信念促使他不断地朝这个目标前进，最后他成功了，成了一个举世闻名的商人。

试想一下，若事例中的马歇尔一直勉强待在戴维斯的店里或是听从戴维斯的建议回乡下养牛，那么他经商的天赋可能永远都不会被激发出来。所以再次证明了潜能需要被激发，往往"山穷水尽"的时候就是超越自我、充分发挥个人潜能的最佳时机，一旦潜能被我们激发出来，迎接我们的将是"柳暗花明"。

不能否认，在我们的工作中会不时遇到"拦路虎"，绕道而行绝不是明智的做法，坦然面对才是最正确的，解决困难的过程中通常是你充分发挥个人潜能的过程，是你走向成功的必经阶段。所以当巨大的困难阻挡在你面前的时候，高举双手去迎接它吧！

当然，我们在超越自我的过程中，必须保持一种"空杯心态"，正所谓"满招损，谦受益"，只有将自己当做是一个"空着的杯子"，才能够不断充实自己，才有超越自我的可能性。

古时候，有一个佛学造诣很深的人。一天，他去寺庙拜访一位德高望重的老禅师。当老禅师的徒弟接待他时，他的态度十分傲慢，心想，我是一个佛学造诣很深的人，你算老几？后来老禅师接见他时，态度显得十分恭敬，亲自为他沏茶，可在倒水时明明杯子已经满了，老禅师还是不停地倒。他见到这样的情景，感到疑惑不解，便向老禅师问道：“大师，为什么杯子已经满了，你还要往里倒水？”大师回答道：“是呀，既然已经满了，干嘛还倒呢？”

其实老禅师的言外之意是：既然你已经有学问了，干嘛还到我这里来求教呢？老禅师借倒水这一动作让他明白：想学更多的学问，就必须要谦虚好学，一个骄傲自满的人是永远都无法吸收到新的知识的。

贝利是足球界公认的出类拔萃的优秀运动员，功勋卓著，成就非凡，一直是年轻人学习的榜样。

年仅17岁的他便被选拔到巴西国家队，因拿过世界杯冠军、洲际俱乐部杯赛冠军、南美解放锦标赛冠军等多项冠军头衔，而被称为“一代球王。”

在贝利长达22年的职业足球生涯中，他共参赛1364场，射入1282个球，并创造了一场比赛中射进8个球的辉煌纪录。他超凡的球技让球迷们心醉不已，也让对手自叹不如。

当他个人进球记满1000个的时候，有人问他：“您觉得哪个球踢得最好？”贝利意味深长地回答道：“下一个。”

贝利的成功在于他具有永不满足、永不止步的心态，勇敢地向自己过去的成绩发出挑战，不断超越自我、充分发挥个人的潜能，最终让贝利收获了成功。

其实，对于我们来说，我们同样具备成功的可能性，之所以现在没有成功，关键在于我们没有将姿态放低，心态放平。如果我们能做到这一点，让自己时刻处于一种学习状态，将工作中每一次的困境都视为一种全新的体验，一个历练的过程，充分发挥个人潜能，突破困境，这样便能做出令人意外的业绩来。

第九章　融入团队，提升业绩

如今随着社会分工的日益精细化，任何人都不可能脱离他人而独立完成所有的工作，因此团队合作精神也日益成为一个企业重要的文化要素，对企业的兴衰成败有着不可低估的影响力。对于员工而言，要想在公司里发展得更好，努力提高自身业务素质只是其中的一个必要条件，但如果你能与团队打成一片，亲如一家人，在工作上合作得天衣无缝，这样的你才能够提升业绩，使自己在公司有长足的发展。

1 没有完美的个人，只有完美的团队

“一个篱笆三个桩，一个好汉三个帮”、“尺有所短，寸有所长”、“团结力量大”……这些我们耳熟能详的话无不向我们说明了团队合作的重要性。的确，一个人要想获得成功，就必须学会与他人合作，只有这样才能够各扬所长，互补其短，形成一股向心力，做到一个人力所不能及的事情。

一天，小猴与小鹿同在河边散步，同时看到河对岸有一棵桃树，上面结满桃子，非常的诱人。小猴赶忙对小鹿说道：“那棵桃树是我先看到了，所以桃子理应全归我。”说完便要过河去摘桃子，可是由于小猴个子太矮，走到河中间时差点被水浪给冲走了，幸好抓住了礁石才不至于丢掉性命。可怜的小猴只能眼巴巴地看着桃子却不敢再下水去摘桃子。

而与此同时对桃子势在必得的小鹿则顺利来到了桃树下，可惜的是，小鹿不会爬树，所以也摘不到树上的桃子，于是只能无功而返。

就在这个时候河边的柳树开口说道：“如果你们能改掉自私的毛病，团结起来就一定能吃到树上的桃子。”

听完柳树的话，小猴和小鹿都觉得非常有道理，于是两人便摒弃成见，决定携手合作，摘的桃子平分。后来小猴在小鹿的帮助下顺利过了河，然后爬上桃树，摘了好多桃子，俩人吃得饱饱的，高高兴兴地回家了。

故事中的小猴与小鹿虽然各有所长，但仅凭个人之力都无法摘到树上的桃子。可是，当它们决定合作之后，事情便有了转机，出现了取长补短的奇迹——毫不费力地摘到了桃子。同样地，对于一家企业而言，员工间的恶性竞争只会让企业蒙受损失，而员工间的亲密合作却能使企业的发展更上一层楼。另外，再优秀的员工也不是十全十美的，他也有做不

好、办不到的事情，如果他具有团队意识，与团队一起同呼吸、共命运，那么完美的团队合作将会使他收获更多；相反，若他一直死抱个人主义不放，喜欢搞“单打独斗”，他不会有更好的发展，最终会因和团队脱离而走向失败。

第二次世界大战时期，美军司令部有一支优秀的作战团队，艾森豪威尔、巴顿和布莱德利是这支军队的核心领导人物，他们三个各有优缺点，如艾森豪威尔注重大局、运筹帷幄、富有远见，性格又和蔼可亲，是一位出色的协调者，但缺乏具体执行的能力；巴顿是一个天生战争天才，具有冒险精神，其生性活泼的个性能够感染士兵，但他性情暴躁、爱出风头、常凭个人意愿行事而不顾全大局；布莱德利性格沉着稳重、爱护部下、注重细节，虽然在战争中缺乏创意，但却能坚决贯彻上级的命令。如此这般，他们中的任何一个人都没有能力把这支军队统领好，但将他们三个组合在一起就形成了一个坚固的铁三角，一个完美至极、没有缺陷的领导团队。

当年拿破仑率领法国军队进攻马木留克城的时候，一向所向披靡的法国军队遭到了前所未有的顽强抵抗，原来马木留克士兵都很高大，一对一单挑法国士兵根本打不过马木留克士兵，战争一时陷入胶着状态。后来法国人发现，马木留克士兵习惯个人作战，并没有团队协作的的意识。于是，法国士兵调整战术，两个人合起伙来跟两个马木留克士兵打，由于马木留克士兵之间缺乏合作的默契，所以不敌法国士兵。就这样，法国士兵们靠着相互协助，最终击败了身形高大的马木留克士兵，取得了战争的胜利。

上述一正一反的事例无不向我们揭示了这样一个道理：成功的取得靠协作，合作方能取得最终的胜利，任何个人都不可能脱离团队而取得佳绩。这就是所谓的“没有完美的个人，只有完美的团队”，个人的能力在团队中能得到进一步的升华。

2 学习蚁群的团结

自然界中,蚂蚁可算得上是一种非常渺小的生物,连恐龙这样的庞然大物都因为不适应环境的改变而灭绝了,为什么它们却能够在地球上生存下来,生息不断呢?要知道一只蚂蚁的力量是非常微不足道的,就连我们不经意掉的一粒米粒或是面包屑都扛不动,那它们是靠什么生存下来的呢?我想大家通过下面的一则小故事能有所启发。

非洲丛林里住着为数众多的动物们,因为天气干燥的缘故,时常会引发火灾。这天,丛林再次发生了火灾,再加上有风的缘故,火势蔓延很快,不一会丛林就变成了一片火海。动物们都惊恐万分,纷纷各自逃命去,但最后逃出去的寥寥无几。蚂蚁们也在逃命的行列中,开始也被突如其来的大火给吓坏了,但很快便镇定下来,深知个人的力量有限,就决定采取团体作战计划逃过此劫难,于是它们纷纷聚到一起抱成团向火海外面滚去。是战斗就一定会有牺牲,没过多久便听到"啪、啪"的响声,最外层的蚂蚁们就这样牺牲了,可是谁都没有放弃彼此,放弃生存的希望,仍然紧紧抱在一起向外面突围,终于最后使得绝大部分的蚂蚁得救了。

要单论力量,蚂蚁根本无法跟其他动物相提并论,可是为什么大火过后其他动物所剩无几,而绝大多数蚂蚁却都存活下来了呢?"团结"二字是它们制胜的法宝。在遭遇危险时,其他动物都选择独自逃命,可是蚂蚁们却选择集体逃生,它们深知:自己独自逃生,一点存活的可能性都没有,但和同伴们团结合作,存活的可能性就会大许多。

身处职场的我们应该向蚁群学习,学习它们的"抱团"精神,应该将"人心齐,泰山移"的思想付诸行动中,从而摒弃单打独斗的狭隘思想。要知道,一个人的能力毕竟是有限的,要想取得更大的业绩,必须要学会与团队合作，学会将自身融入团队当中，如果只顾自身利益，而损害了团队利益，最终会落得个害人害己的下场。下面这个寓言故事可以很好地证明这一点。

一个人问上帝："为什么天堂里的人很快乐，而地狱里的人一点也不快乐呢？"

上帝说："你想知道吗，那好，我带你去看一下。"

他们首先来到地狱，走进一个房间，只见很多人围在一口大锅前，锅里煮着美味的食物，为即将可以吃到美味的食物，每个人的脸上并没有喜悦感，而是一脸的失望和饥饿状。为什么会这样呢？通过观察发现，原来他们手中的勺子都太长，自己根本无法将食物送进嘴里。"我们再去天堂看看吧。"上帝说道。于是他们又去了天堂，也走进了一个房间，但看见的却是另一番景象，每一个人的脸上都挂着幸福又满足的表情，等到食物煮好后，只见他们将自己手中的勺子盛满了食物，并不是想尽一切办法送进自己的嘴里，而是送到别人的嘴里，他们就是靠着这种互相喂食的方式，每个人都吃得心满意足。

地狱的人想到的只是自己能不能吃到食物，全然不顾别人的感受，结果自己最终也只能眼巴巴地瞅着美味的食物而吃不到嘴里；相反，天堂的人团结互助，他们都心里明白光靠自己的力量是吃不到食物的，所以他们选择了团结协作，相互配合，这样一来谁都吃上了美味的食物。

所以说，在工作中我们必须要学会团结，正所谓"团结就是力量"，团结可以做到我们一个人无法做到的事情，团结让我们更有勇气面对工作中遇到的难题，团结让我们更有工作效率，提升业绩大有可为。

3　融入团队，才能提升业绩

如今我们生活在一个需要通力合作才能完成工作的时代，所以我们必须树立一种合作意识,正所谓“单丝不成线,独木不成林”。对于那些不懂得与他人进行合作,只顾自己埋头工作的人,就算累死累活地干一辈子,也难有出头之日。

博士张强毕业后参加了工作,他是一个从来不愿浪费时间的人,十年如一日地忙碌工作。但是和他一起参加工作的人都已经晋升为高管了,他依然还是个小职员,对此张强感到很不服气。

问题到底出在哪儿呢?要论学历、能力、资历,张强都比其他人要高,唯一的缺点就是少言寡语,但也成为他的致命伤。他平时不与外界同行接触,就连和公司的同事也很少交流。他认为这样是在浪费时间,对工作也没有多大的帮助。长此以往,张强不仅接触不到专业上的前沿知识,而且与同事之间的关系都很淡漠,没有人愿意与他一起共事。

张强之所以没有晋升,缺乏合作精神是他最大的致命伤。他只知道“闭门造车”,习惯“单枪匹马”独干,像他这样没有团队意识的人,是永远也提高不了业绩的。

作为一名优秀的员工,他深刻明白自己的能力是有限的,但团队的力量却是非常强大的。个人融入团队,可以向团队中的其他成员借力,这样就能推动工作的顺利进行,而自身也可以通过团队来提升业绩。

井深大刚进索尼公司时,老板对他很器重,将他调到研发部门,全权负责新产品的研发。

井深大虽然对自己的能力充满信心,但也深知老板给他的任务分量很重,不是靠自己一个人的力量能担负得起的,所以有些底气不足。

老板鼓励他说:“新的领域对每个人都是陌生的,关键在于你要和大家联起手来,这才是你的优势所在!众人的智慧合起来,还有什么困难不能战胜呢?”

老板的话让井深大豁然开朗,心想:“对呀,我怎么光想自己？不是还有20多位员工吗？为什么不虚心向他们求教，和他们一起奋斗呢？”

之后，他来到了市场部，和那里的同事一起探讨销路不畅的问题，得知磁带录音机之所以销路不好，大致有两个原因，一是太笨重，二是价格太高，一般人很难接受。所以市场部的人希望研发能从轻便和低廉的角度上多做一下考虑，井深大觉得建议很有道理，便虚心接受了。

从市场部出来的他随后又去了信息部了解情况，那里的同事告诉他说，目前美国已经采用了晶体管生产技术，如果公司也朝这方面努力的话，不但可以大大降低成本，同时也满足了顾客对产品轻便的要求。

搜集到第一手资料的他，马上组织研发团队进行研制，在此期间，他一直和团队成员保持一种亲密合作的关系，一起攻克难关。终于，他所带领的团队研制成日本最早的晶体管收音机，并成功推向市场，他自己也因此荣升为索尼公司的副总裁。

井深大的成功故事再次向我们证明：个人融入团队，才能提升业绩，才能走向成功。试想一下，如果当时井深大接到老板给予的任务后，选择自己单干，那会是怎么一个局面？

我想“失败”二字足以概括。要知道搞个人主义在如今的职场中是行不通的。也许你靠着个人的才能在工作中取得一定的业绩，但这样的业绩只能是暂时的，不会是永久的，你无法再进一步提升自己的业绩。但如果你将自己融入团体中，懂得依靠团队的力量去完成自己无法完成的业绩，那么提升自己的业绩将指日可待，老板也会因你所取得的业绩对你刮目相看。

4 合作达到共赢

著名的诺贝尔经济学奖获得者莱因哈特·赛尔顿教授有这样一个理

论：一场比赛，你可以选择与对方合作或是竞争。如果你选择了合作，就可以像鸽子一样分食瓜分战利品，那么竞争的时间和精力则可以省去了；如果你选择了竞争，就只能像老鹰一样相互争斗，而胜利者只有一个，如果要取得胜利，就必须要承受住其他老鹰的攻击。

通过上面的理论，我们可以总结出这样一个道理：合作达到共赢，竞争招致俱伤。所以在职场中，我们应该学会的是合作而不是竞争，特别是恶性竞争，恶性竞争只会使同事之间的关系紧张，更不利于个人的长远发展；而同事间的相互合作，却可以达到共赢的局面。

一家大型公司招聘市场开发人员，9名优秀应聘者在上百人中脱颖而出通过初试，进入由公司老总亲自主持的复试。

虽然老总对这9个人的详细资料及初试成绩都很满意，但此次只能从他们当中录取3个人。于是老总便将他们9个人随机分成甲、乙、丙3个小组，然后分别为他们布置了任务。其中派甲组的3个人去调查本市的婴儿用品市场，派乙组的3个人去调查本市的妇女用品市场，最后派丙组的3个人去调查本市的老年人用品市场。

布置完任务后，老总向他们解释道："我们录取的人是负责开发市场的，所以要求你们必须要有敏锐的市场观察力。让你们调查这些行业主要是想看看你们对一个新行业的适应能力。当然，为了避免大家盲目开展调查，我已经叫秘书准备了一份相关行业的资料，你们可以拿去参考一下。"

两天后，应聘的9个人都把自己的市场分析报告交给了老总过目。等老总看完后，站起身来，向丙组的3个人走去，一一与他们握手，并祝贺道："恭喜三位，你们已经被本公司录取了！"老总见到大家疑惑的表情，平静地解释道："请大家打开我叫秘书给你们准备的资料，相互看看。"原来，每个人手中的资料都不一样，就比如甲组的3个人得到的分别是本市婴儿用品市场过去、现在和将来的分析。老总见大家看完后继续说道："丙组的

3个人很聪明，他们互相借用了对方的资料，将自己的分析报告写得更加完善；而甲组和乙组的成员却各行其是，忽略了队友的存在。而我的目的就在于看看你们是否具有合作意识，显然只有丙组的3位成员通过了我的考验，所以自然被录取了。”

从上面的面试结果中，我们不难看出：是合作让丙组的成员获得了难能可贵的就业机会，而其他两组的成员却因为相互竞争而失去了资格。

在一个团队当中，每一个成员的能力都是参差不齐的。但这并不意味着，能力强的人就一定比能力弱的人占优势。每个人都有独特的一面，也许他的能力并不是很强，但他的经验却是丰富的。所以说，团队成员必须要抛弃自我优越感，摒弃高人一等的错误观念，成员之间应该学会分享与协作，恶性竞争只能造成损伤团队感情，不利于工作的开展，业绩自然也做不出来。

保罗在大学里学的是计算机专业，毕业后进入一家IT公司工作，工作半年后，因为表现优异，被选拔加入一个重要的研发小组。组长告诉保罗，他是因为非常欣赏保罗的计算机应用能力才决定让他加入研发小组的。保罗听后不禁有些沾沾自喜，甚至骄傲起来。

在研发小组中有一个叫乔治的人，他貌不惊人，当保罗知道他毕业于一所很普通的大学时，不禁更加瞧不起乔治，工作中故意不跟乔治配合。组长知道后，严厉地问保罗：“你以为自己比乔治优秀吗？”保罗沉默不语。

从那以后，保罗逐渐放弃了对乔治的偏见，因为他发现，虽然乔治的计算机应用能力不如自己强，但他却具有丰富的研发经验和卓越的研发能力，不由得对他敬佩起来；并且在工作中主动给予乔治帮助，乔治也将他自己从实践中摸索出来的经验倾囊传授给保罗。这样一来，两个人的能力都有了突飞猛进的进步，工作上合作越来越有默契，项目提前圆满完成了。

在一个团队当中，即使你能力再好，也有力所不能及的事情；其他成员在你的眼中即使多么不如你，也有其“闪光点”。所以说，成员之间不应该互相瞧不起，建立一种敌视的关系，而应该取长补短，互相合作，这样产生的合力会远远大于成员之间的能力总和，自然工作起来事半功倍，这就是所谓的“共赢”。

共赢带来的不仅仅是一种创新的思想，更是一种宽容的心态，它削减了竞争的锋芒，用善良为竞争镶边，让折射的阳光照亮双方同行的路途，让竞争在微笑中放松，让双方在合作中共同成长。

5 对团队负责，就是对自己负责

想必有过拔河经历的人都知道，要想取得胜利，必须保证同一队成员的劲往一处使，但凡有一个人有“二心”，就会导致胜利无望。同样地，作为一名公司员工，如果在工作中只求自我表现，将团体利益抛诸脑后，甚至有时为了谋求个人利益不惜牺牲团队利益，这样的员工无法在公司中站稳脚跟，因为他的自私会让整个团队陷入困境，也会使整个公司的利益遭受损失。

王华在一家营销公司做营销员，他所在的部门常因团队合作精神十分出众，从而使得每一个人的业务成绩也特别突出，可是后来，这种氛围被王华破坏了，他自己也因此被追究责任，第一个被公司裁员。

事情的起因是这样的：公司的高层把一项重要的项目安排给了王华所在的部门，虽然王华的主管反复斟酌、考虑，但是最终没有拿出一个可行的工作方案，但王华却想出了对这个项目而言十分周详而又容易操作的方案。他本应该向他的主管提出自己的解决方案，可是为了表现自己，他没有与部门主管商量，更没有向他贡献出自己的方案，而是越过了他，直接向总经理说明自己愿意承担这项任务，并向他提出了可行性方案。

王华的这种做法严重地伤害了部门主管的自尊，破坏了团队精神。结果，当总经理安排他与部门主管共同操作这个项目时，两个人常在工作上产生分歧，不能达成一致的意见，从而导致了团队内部出现了分裂，团队精神犹如一盘散沙，再加上外部的全球性经济危机，项目最终流产了，而王华也因当了“出头鸟”，第一个被淘汰出局。

从王华的实例中我们可以看出：对于员工而言，只有从团队的角度出发来考虑问题，才能获得团队与个人的双赢，才能帮助企业顺利渡过经济危机；相反，若一味追求个人利益而忽略团队利益，这样不单单会损害团队利益，最终也会阻碍个人职业发展。所以员工必须树立起自己对团队负责的信念，只有这样才是对自己负责。

对团队负责意味着一切以团队利益为重，任何有损团队利益的事情都不能去做，王华的失败已经充分说明了这一点。下面再来看一则寓言故事，故事中三只偷油老鼠的悲惨结局同样可以让我们清楚地意识到：对团队负责，就是对自己负责这样一个道理。

话说有三只老鼠发现了一个油缸，就想着偷点油喝，可是油缸非常深，他们仅凭一人之力根本喝不到油，只能闻却喝不到的痛苦令他们一时暴躁不安，但他们很快静下心来，决定集思广益找到能喝到油的好办法。最后他们终于想出了一个好办法，那就是一只老鼠咬住另一只老鼠的尾巴，吊下缸底去喝油；并且他们达成了一致的共识：大家轮流喝油，有福同享，谁也不可以有私自独享的想法。

就这样，他们一个咬着一个的尾巴，吊下缸底的那只老鼠果然喝到了油。不过在他喝油的过程中，受到油的诱惑，改变了初衷，心想：“油就只有这么一点点，大家轮流喝一点也不过瘾，今天算我运气好，不如自己痛快喝个饱。”与此同时，夹在中间的老鼠思想也发生了变化，心里盘算着：“下面的油没有多少，万一让正在喝油的老鼠给喝光了，那我岂不是要喝西北风吗？我干嘛这么辛苦吊在中间，不如自己现在跳下去喝个痛快。”当然，处在缸外的那只老鼠这时也在暗自琢磨着：“油那么少，等到他们两个喝饱了，哪里还有我的份儿，倒不如趁现在把他们给放了，自己跳下去喝个饱。”

于是，中间的老鼠放掉了缸底老鼠的尾巴，缸外的老鼠放掉了中间老鼠的尾巴，他们都争先恐后地抢油喝了。等到他们都喝得饱饱的，才突然发现自己浑身沾满了油，根本爬不出油缸。最后，这三只偷油的老鼠都被困死在油缸里面。

三只偷油的老鼠因为背弃了伙伴，丢失了对团队负责任的精神，终究害人害己。如果它们当初本着对团队负责任的态度，大家轮流喝油，有福同享，没有被油蒙了心智而心生异心，这样一来它们都不会死，可以在享受完香油之后成功脱身。可是千金难买早知道，它们的悲剧完全是咎由自取，与人无尤。

所以说，作为一名员工，只有将自己当做是团队的一分子来行事，才能具有大局意识，才能避免做出伤害团队感情的事情。请牢记：个人利益服从团队利益不仅是对团队负责任的一种表现，也是对自己负责任的一种表现。两者是相辅相成的，而不是对立的。

第十章　谁阻挡了你的业绩

当你看见和你同进公司的同事因为业绩突出而被升职、加薪时，你在羡慕的同时有没有反省一下：为什么我到现在还是一个不起眼的小职员？为什么我每个月的业绩跟别人差那么多？到底是什么阻挡了我的业绩？如果你能把挡在你前进道路上的“拦路虎”一一找出并清除，那么下一个被羡慕的对象就会是你！

1 借口:推走了业绩

如今在职场中存在一部分这样的人,他们在业绩上升时就拼命往自己身上揽功劳,而在业绩下滑时则把责任撇得一干二净,拼命给自己找借口,企图使自己逃脱连带责任。殊不知这样看似聪明的行为在老板眼里却成了不负责任的表现,最终会让它推走了业绩,甚或丢掉了饭碗。

王涛和李强同是速递公司的员工,俩人搭档期间一直表现不错,深受老板的赏识,都是客户部经理的热门人选,然而一次意外却让他们从此不在同一条水平线上。

一次,王涛和李强负责将一件古董送往码头交给客户,可是没想到车在半路上坏了。李强埋怨道:"怎么办,你出门之前怎么不把车检查一下,如果不按规定送到,我们要被扣奖金的。"王涛说:"我的力气大,我来背吧,这儿距离码头也没有多远了,而且这条路上的车特别少,等车修好,船就开走了。""那好,你背吧,你比我强壮。"李强说。

就这样,王涛背着古董一路小跑,终于在规定时间赶到码头。就在这时,李强突然说道:"我来背吧,你去叫货主。"他暗想:如果客户看到我背着货物这么辛苦,说不定把这事告诉老板后我就可以加薪了。因为他只顾想事,并没有注意到王涛把古董递过来了,于是古董掉在了地上摔碎了。

"你怎么搞的,我没接你就放手。"李强气急败坏地喊道。

"你明明伸手了,我递给你,是你没接住。"王强解释道。

其实他们心里都明白,这次的事件不仅会让他们丢了饭碗,还有可能因此背上沉重的债务。事后,李强趁王涛不注意时溜进了老板的办公室,对老板说道:"老板,这次的事件不是我的错,都是因为王涛不小心才把古董打碎的。""谢谢你,李强,我知道了，你先出去吧。”随后老板让王涛进了办公室，让他对此次事件作出解释，王涛便把事情的原委一五一十地跟老板说了，最后临走时，王涛对老板说道：“这件事情是我们的失职。我愿意承担责任。另外，李强的家境不太好，如果可能的话，他的责任我也来承担，我一定会尽力补救我们造成的损失的。”

几天后，老板把王涛和李强都叫进了办公室，对他俩说：“公司一直对你们俩很器重，想让你们当中一位担任客户部经理一职，没想到却出了这样的事情，不过这样也好，更让我们看清楚合适的人选。”

“一定是我了。”李强暗喜。没想到接下来老板的一席话却让李强感觉被泼了一身的凉水。“我们决定请王涛担任公司的客户部经理，因为一个勇于承担责任的人是值得信任的。王涛，用你赚的钱来偿还客户的损失。李强，你自己想办法偿还客户损失。还有，你明天不用来公司上班了。”“老板，为什么?”李强不敢相信地问道。“其实客户已经看见你俩在码头递接古董时的动作，所以把实情告诉了我。还有，我也看到了问题出现后你们两个人的反应。”老板最后说。

上面事例中王涛和李强最后截然不同的两种待遇是否能让你有所触动呢？其实他们两个的所作所为很具有代表性，王涛代表的是那些在问题面前不找借口，勇于承担责任的那一类人，而李强则是那些遇到问题就喜欢为自己找借口推脱责任的典型代表。做老板的当然喜欢王涛这样的人，所以王涛被留下并升职加薪，李强被开除这都是情理之中的事情。

岳中是一家合资企业的老板，平时他很注重员工个人素质的培养。一天他召集了几个平时表现出色的主管，让他们利用一个礼拜的时间到外地的各地企业做一个全面的巡查工作，然后回来把所见所闻都汇报给他。任务布置完后岳中回到办公室暗暗观察主管们的反应，只见几位主管聚到一块抱怨企业太多不知道如何调查，就算调查出来了，老板也不一定按照他们的调查结果而改变原先的计划，因此他们迟迟不肯行动。最后一位年轻的主管对他们说："哥们儿，时间不早了，快点行动吧，反正只有一个星期的时间，出去走走也算长点见识啊！"

一个星期后，主管们都提交了自己的调查报告，岳中却让那位年轻的主管担任市场部的经理助理，提拔的理由是：每个企业必须要重用不找任何借口、完全执行任务的员工。

上面事例中的年轻主管同样赢在不找借口上面，看来作为员工，想要做出业绩就必须正视问题，找出让业绩下滑的真正原因，并着手解决问题，而不是费尽心机编排理由为自己开脱责任，这样他在推卸责任的同时也推走了业绩。所以说，员工要想把工作做好，就要拒绝任何借口，唯有如此才能让你的业绩有一个突破性的提高。

2 抱怨：无处寻觅业绩

进入职场的你有发牢骚、抱怨的时候吗？如果有的话，不外乎是其他的同事比你的业绩好，比你挣得钱多，比你更受老板的青睐……除却一些比较特殊的因素，如拉关系，溜须拍马，你是否真正认清问题的根源在哪里？对现状不满，你只想到抱怨，却没想过去改变，这样的你完全陷在失败的挫折感中无法自拔，根本看不到成功的机会，业绩自然不会找上门来。

小李对现在的工作十分不满意，常对朋友抱怨说："我的上司一点也不把我放在眼里，改天我要对他拍桌子，然后辞职不干。"

朋友问他说："你对你们公司的运作完全清楚吗？对公司所做的国际贸易的窍门完全搞懂了吗？"

小李摇了摇头，不解地望着朋友。

朋友自然看出了小李的疑惑，便对他说道："我建议你暂时不要辞职，而是把公司当做免费学习的地方，等到你把商业文书和公司组织完全搞懂，甚至连怎么修理影印机这样的小故障都学会了，然后再辞职不干，这样不是既出了气，又有很多收获吗?”

小李听了朋友的话，觉得很有道理，从那以后便默记偷学，甚至下班以后，还留在办公室里研究商业文书的写法。

一年之后，当朋友偶遇小李，便问道:“你现在大概多半都学会了，准备拍桌子不干了吧?”

小李对朋友说道:“我以前是有这样的打算的，可是这半年来，老板对我刮目相看，更是不断给我加薪，对我很是器重，现在我已经成了我们公司的红人了，所以我不打算辞职了。”

朋友听后，笑着说道:“我早就料到会有今天的情况。当初你的老板不重视你是因为你的能力不足，却又不知上进，只知道抱怨;之后你痛下苦功，业绩也有突飞猛进的发展，老板自然看在眼里，受到重用也是情理之中的事情。”

上面例子中小李前后不同的态度，以及老板对小李前后不同的态度，是否对你有一定的启发性？没错，抱怨让小李无处寻觅业绩，变成了一个只会怨天尤人的消极者，老板自然不会重视这样的员工;而实干却让小李业绩节节高升，成了老板眼中的“香饽饽”，公司上下的“红人”。如此看来:不抱怨努力向他人学习以充实自己的实力，提高自身的价值，终会有成功之日。

邓建军是江苏常州黑牡丹公司的高级技工，不仅有“牛仔裤专家”的美誉，而且是新世纪全国首批七个“能工巧匠”之一，更是全国职工职业道德建设“十佳标兵”，曾两次受到胡锦涛总书记的接见。

为什么邓建军能获得如此多的殊荣，凡是不找借口，遇事不抱怨，迎难而上是邓建军的工作态度，也正是因为这样的态度才让邓建军在自己平凡的工作岗位上做出不平凡的业绩。

一次，公司有一批进口剑杆织机急需改造，邓建军积极报名参加了这一项目的改造，但当他去现场看过以后，一股凉气不禁冒上了他的心底。原来十几台机器的各种电器线路如一团乱麻，图纸不知去向。一块线路板有2000多个点需要一一测试、分析、测算，所以改造任务十分地艰巨。此时已有不少人抱怨项目不好做，纷纷找借口推脱掉，面对这样的情况，邓建军并没有考虑过多，毅然选择攻克难关。他从最起码的制图开始，每天蹲在机器边十四个小时以上。苍天不负有心人，经过他一番创造性的努力，机器终于改造成功了，为企业省下了一大笔资金。

公司的董事长对邓建军高度评价说："没有邓建军示范带动的科研团队，我们的企业可能就没有今天！"

邓建军的事迹告诉我们：只有一心扑在工作上，遇到困难不逃避、不抱怨，尽自己最大的能力去解决难题，方能创造出高业绩。

有一位管理学家曾经说过："领导并不是问题的解决者，而是问题的给予者。"因而老板真正需要的是那些能够帮助他们解决难题的人才，而不是那些只会抱怨不肯实干的庸人。

为了让你的业绩惹人眼球，让老板对你刮目相看，现在开始就停止抱怨吧！抱怨只会让你更加失败，实干才是你成功的阶梯！

3 盲目：业绩遥遥无期

也许有时你会有这样的困惑：为什么我一天到晚没闲着，甚至有时还加班工作，可到头来业绩还是不尽如人意，让你有一种"出力不讨好"的挫败感。可是你有没有认真想过：为什么你的努力换不来你想要的业绩？既然不是你不够努力，那就看看是不是你做事的方法不对，往往有时候做事盲目，没有一定的目标性才是导致你业绩遥遥无期的罪魁祸首。

王楠大学毕业后在一家公司做助理工作，初上任时，总经理向他介绍了公司的情况，并交给他两件需要办理的事情，一件是资金周转问题，另外一件则是员工的日常供给问题。因为王楠是财会专业出身的，所以自认为有筹集资金的特长，因而将资金周转问题当做是首当其冲的问题来解决，而将员工的日常供给问题暂时押后。他的这一做法引起了公司员工的强烈不满，发展到最后，员工甚至派代表到总经理那里要求撤换王楠的职位，或是责令王楠改变现在的做法。后来，虽然王楠在资金问题彻底解决之后转过来解决员工的日常供给问题，并且解决得很完美，但许多员工对他仍然有很深的成见，以致最后王楠不得不黯然离开公司。

后来王楠深有感触地说道："我的失误在于没有将总经理交办的任务分出主次，同时沟通也不够。如果当时我将员工的实际问题放在首要位置优先解决，也许就会出现截然相反的结果，但现在说什么都晚了。"

王楠失败的原因在于他工作中具有盲目性，没有主次之分的概念，以至于矛盾重重，阻力不断，工作很难开展，业绩自然遥遥无期，最后不得不被迫离开自己喜欢的工作。因此，工作必须带有一定的目标性，明确知道先干什么，后干什么，这样方能避免因盲目而使工作效果事倍功半。

古罗马小塞涅卡曾经说过："有些人活着没有任何目标，他们在世界行走就像河中的一颗小草，他们不是'行走'，而是随波逐流。"

倘若我们在工作上没有自己的一套做事方法，盲目地跟随别人的脚步前进，那么你的业绩永远居于人后，永远只能做个陪衬者的角色。

我想大家都听说过"小马过河"的故事，故事中的主人公小马就是盲目一类人的代表，它先是听信了老牛的话，以为河水的深度只到小腿处，便高兴得想要渡河去；后来又听信了松鼠的话，以为河水非常深，深得都把松鼠的一个同伴给淹死了，便害怕了，不敢再过河了，只得回去找妈妈；最后小马终于在妈妈的鼓励下亲自下去试了河水的深浅，方才知道河水并不像老牛说得那样浅，也不像松鼠说得那样深。

另外法国科学家约翰·法伯曾做了一个著名的"毛毛虫试验"，他把若干只毛毛虫放在同一个花盆的边缘上，使它们首尾相接，围成一圈，像一条长长的游行队伍，没有头，也没有尾。而他又在毛毛虫周围不到6英寸的地方撒上了它们喜欢吃的松叶，毛毛虫要想吃上这些松叶就必须解散队伍，不再一条接一条地前进。一个小时过去了，一天过去了，毛毛虫们还在不停地、坚韧地团团转，就这样它们一连走了七天七夜，终因饥饿和精疲力尽而死去。

上述的事例都很有启发性，若小马不盲目听信别人的片面之词，而是亲身考察河水的深浅，这样它就不会无功而返。而试验中任何一只毛毛虫若不盲目跟随前面毛毛虫的脚步前进，就会吃上松叶而不致于饿死。

同样地，作为员工而言，若没有自己的想法，总是盲目地听从别人的"指示"行事，那将永远都走不出自己的一片天地，永远都是"别人吃肉，你喝汤"，永远都是老板眼中的庸人。这样盲目下去，业绩对你来说永远是"镜中花，水中月"，因此不妨从现在开始就尝试走出一条属于你风格的道路，不再盲从，不再偏信，相信在不久的将来，业绩终究会回到你身边，受老板重用亦指日可待！

4 拖延：让希望溜走

"明日复明日，明日何其多，我生待明日，万事成蹉跎。"我想大家对这首《明日歌》都不陌生，也明白其中的含义，但又有几个人能够真正做到"今日事今日毕"呢，这也正是时下职场中不少员工的工作态度：做事拖拖拉拉，计划虽然做得不错，但真到执行的时候总因这样或那样的"意外"而更改了计划，把今日应毕的事情拖到了明天甚至是后天。

王立在上班途中就为自己制订好了一天的工作计划：草拟

下年度的部门预算。可是当他九点钟准时到达办公室时并没有马上开始工作,而是先将办公室和办公桌做了整理,因为他想好的办公环境有助于提高自己的工作效率。半小时后他将办公环境整理得焕然一新,不觉有些得意,便想抽根烟稍作休息,此时他无意中发现报纸上有一篇关于他喜爱的明星的报道,于是又花了十分钟将报道看完。正当他准备工作时,一通投诉电话打了进来,就这样他连解释带赔罪花了二十分钟的时间才平息对方的怒火。挂了电话后他去了洗手间,回来的路上闻到了咖啡的香味,于是他便闻味而去加入了同事的拉呱行列。他想,刚才的那通电话弄得我头昏脑胀,不如喝点咖啡提提神。等到他回到办公室准备正式投入工作时,发现已经十点四十五分了,离十一点部门例会的时间只剩下十五分钟。他又想,反正这么短的时间里也不太适合做预算那样庞大、耗时的工作,不如先搁下,明天再做吧。

像上面事例中王立这样的情况很具有普遍性,他着实代表了很大一部分员工的工作现状。很多员工对于自己的工作进度都大致会有一个"小九九",可是每天都会被所谓的"意外"打乱计划,使工作一拖再拖,最后业绩没了,老板得罪了,升职加薪的希望更是没指望了。从下面关于赵林的例子中,我们便能看出:拖延害人害己,不仅给公司的利益造成损失,还使自己的地位岌岌可危,希望破灭,饭碗不保。

赵林是一家企业的经理助理,能力虽然不错,但却有办事拖拉的坏习惯,以至于经理忍无可忍,动了辞退赵林,再换助理的念头。

事情的起因是这样的:经理要去国外公干,并且要在一个大型的国际商务会议上发表演说,于是便让赵林在一个星期内把所有的资料都准备妥当,包括演讲稿在内。赵林心想,反正一个星期后才要,时间还早着呢,等会再做吧。突然他想起上几周的销售报表还没写呢,另外需要交到总部的销售分析报告也还搁在那呢，不禁吓出了一身冷汗，赶紧为此忙活了起来。几天后终于把报表和报告赶了出来，正想休息一会儿的时候，另外一个助理问道："明天经理就要出发了，你负责的文件弄好了吗?"赵林说，反正经理在飞机上不可能看，等他上飞机以后，我再把文件打好，发个电子邮件给经理就行了。可人算不如天算，这次赵林失算了，原来老板要利用在飞机上的时间跟同行的外籍顾问研究一下报告和数据。

……

的确，正所谓"商场如战场"、"兵贵神速"，一个总是拖拉的员工无疑是在扯公司的后腿，做领导的为了公司的利益考虑，当然会毫不犹豫地把你裁掉。所以说，要想保住饭碗，要想创造好业绩，要想升职加薪……这一切的希望都需要你克服拖延的不良习惯。

日本有个著名的僧人叫亲鸾上人，他九岁时就已立下出家的志向，于是便找禅师为他剃度。

禅师看他这般年幼，就问他说："你还这么小，为什么一定要出家呢?"

亲鸾上人回答说："我虽然只有九岁，父母却已双亡，我因为不知道为什么人一定要死亡，为什么我一定非与父母分离不可，为了明白这层道理，我一定要出家。"

禅师非常嘉许他的志向，说道："好，我明白了，我愿意收你为徒，不过今天太晚了，待明日一早，再为你剃度吧!"

亲鸾听后非常不以为然，说："师父！虽然你说明天一早为我剃度，但我终是年幼无知，不能保证自己出家的决心是否可以持续到明天。而且，师父！你那么高龄，你也不能保证是否明早起床时还活着。"

禅师听了他的话后拍手叫好，并满心欢喜地说："对的！你说的话完全没错，现在我马上就为你剃度吧!"

我们应该向故事中的亲鸾上人学习，学习他"今日事今日毕"的好习惯，决不把今天的问题留给明天去解决，保证今天应得的业绩，就能抓住希望不让它从手中溜走！

5 怠慢：和成功擦肩

如今在职场当中，存在着这样一类人，他们对待工作不上心，总是把工作当做是苦差事而不是一种乐趣、一种挑战在做，天天上班就是为了等待下班；对于老板分配的工作任务，总是抱着敷衍了事的态度，而不在意工作质量的好坏；对于不是自己职责范围的事情，从不主动关心……总之怠慢工作的结果就是和成功擦肩而过。

小张是一家咨询公司的员工，要说他学历不低，也很聪明，在公司的工龄也不短，可至今仍是一名小职员，每次晋升的名额当中都没有他。为什么会这样呢？难道小张还没有遇到赏识他的"伯乐"？我们从小张平时对待工作的态度上可以得到答案。

原来他对待工作十分马虎、散漫，从未认真地把一件工作完整地做好过。他整日消磨时间，把精力都用来思考怎样逃过一项艰难的工作和应对上司的监督上。在工作时间，他虽然端坐在自己的位子上，心思却早就飘到别的地方去，想着今晚下班上哪里才能玩得尽兴。一旦有推脱不掉、不得不做的工作，也是应付了事。根本不去考虑这样做的后果……总之，正是因为小张对待工作轻忽懈怠，没有半点敬业精神，所以公司把他"遗忘"了。

员工拥有敬业精神或许表面上受益的是公司，是老板，但最终受益的却是你自己；反之，员工若用怠慢的态度对待工作，或许一时会让你尝到"甜头"，但不久你就会尝到自酿的苦果，成功与你无缘，老板也会因你损害了公司的利益而将你淘汰出局。

一位留学生在日本当地一家餐馆中打工，他的工作就是将盘子洗干净，但每一个盘子老板要求必须清洗三遍，方能算是合格。刚开始这位留学生按照老板的要求把每个盘子都洗三遍，可是这样一天下来根本洗不了多少个盘子，工资自然不是很高。后来，这位留学生心中有了“小九九”，心想如果我每个盘子都少洗一遍，那么工资就能多赚一点，于是他把每一个盘子只洗两遍，果然工资跟他想的一样多了不少，尝到“甜头”的他更加投机取巧，有时候盘子一遍就过。突然有一天，老板实行突击检查，这可把留学生急坏了，只能存在侥幸心理，希望这次能蒙混过关，可最终还是没有逃过这一劫，他洗的盘子几乎全是不合格产品。老板很生气，认为他是一个不敬业的员工，所以不但把他给辞退了，还向其他餐饮同行通告了他的劣迹，这样一来，那位留学生再也找不到打工的机会了，因为没有一个店要他这样对待工作抱有怠慢态度的人。

阿尔伯特·哈伯德曾经说过这样一句话：**“一个人即使没有一流的能力，但只要有敬业的精神，同样会获得人们的尊重。而如果一个人的能力无人能及，却缺乏基本的敬业精神，也一定会遭到社会的遗弃。”**

成功需要有敬业精神，它是你成功的试金石，任何想要成功的人都得通过这一关。

小王本科毕业以后去了一家研究所工作，那里人才济济，小王作为“菜鸟级”人物自觉压力很大，所以他不管做什么事情，总是兢兢业业，将自己全部的精力都放在了工作上。

一段时间后，小王发现虽然这儿的人才不少，但他们大部分人在上班时间都会走动聊天，甚至利用研究所里的设备干私活，完全把这里的工作当做是混日子的工具而已。小王并没有受这种不良风气的影响，而是仍然努力地工作着，正因为如此，他的业务水平提高得很快。不久之后便受到所长的器重，每当需要什么的时候，所长总是第一个想到他，最后小王成为了所里最年轻的副所长。

为什么到最后是小王当上了副所长，他既不是学历最高的，也不是能力最强的？其实，领导的眼睛都是雪亮的，在他们的眼中小王虽然不是最优秀的，但却是最敬业的。小王正是靠着敬业、负责任的工作态度将那些怠慢工作、投机取巧的“能人”PK掉，从而顺利当上副所长。

由此可见，怠慢只能让你与成功擦肩而过，敬业却使你与成功顺利牵手。聪明的你自然懂得如何取舍了吧！

6　守旧：业绩停滞不前

在工作过程中，员工往往被以往的经验绊住了解决问题的手脚，他们常常会陷入思维定势中难以自拔，因循守旧、惯用旧瓶装新酒已成为他们业绩停滞不前的最大障碍。

有一只喜欢旅游的乌鸦，一次它飞到一个村庄看热闹，正巧赶上这儿发生干旱，溪水完全干了，田里也裂开了缝，口渴至极的乌鸦好不容易在村子后面发现了一口井，低头往里面一看，井口小，井很深，但井底有水。这只乌鸦本想飞下去喝水，可是试了几次都碰到井壁上，于是只好另谋他法。

突然，乌鸦想到了它前辈“投石入瓶取水”的“光荣”事件，不禁高兴地叫道：“呱呱，我怎么把这个经验给忘了！”于是它便衔起井边的石子，一个一个投入井中。这一情景被树上的喜鹊给瞧见了，便劝告它说：“你看清楚了，这可是一口井啊，而不是当年的长颈瓶子，你就别瞎忙活了，像你现在这样，到头来只是白费力气！”乌鸦听后不以为然，反驳道：“你懂什么，我的这个方法可是经过专家鉴定的，放之四海而皆准，怎么会没用呢？我看你呀，是有眼无珠！”于是继续向井里投石子。

从这则寓言故事中我们不难想象这只守旧乌鸦的结局：不是渴死就是累死。现在职场中也存在不少像乌鸦一样的“守旧派”，他们把过去的经验奉为经典，却没有想过这些所谓的“经典”会因时代、形势的改变而不再适用，如果一味地遵照“经典”行事，那么你的业绩肯定停滞不前甚至会落于人后。

打破思维定势，学会创造性思维，突破传统思想的束缚，你的业绩想不惹眼都难！

还记得前面讲述过的东芝公司的小职员只是向公司提出了自己的一点建议，却让公司转危为安，滞销品变成了畅销品。为什么别人没有想过为电扇换新衣，他却能想出这样的新颖点子？关键在于他从“电扇只能是黑色的”这一思维定势中解放出来，放飞思想，让它跳出思维惯性想问题，这样的创新性思维成就了他，也拯救了公司。

另外我国的茅台酒在国际上一举成名天下知的例子同样可以用来佐证守旧只能导致“山穷水尽”，而创新却能够“柳暗花明”。

> 1915年，在巴拿马万国博览会举办了一场大型的酒类博览会，众多国内外知名品牌厂家蜂拥而至，中国驻外大使黎庶昌负责把茅台酒送去参展。由于当天场面太大，茅台酒和参展人员都被挤在一个角落里，加上人们很难从茅台酒的包装及广告宣传上对它有认可度，所以直到展会快结束了，茅台酒依然无人问津，这可把相关负责人急坏了。
>
> 就在这个时候，黎庶昌将两瓶茅台酒装在一个网袋中，拎着往大厅中央走去，众人对他的这一行为都疑惑不解。只见他突然“一不小心”把酒瓶摔在地上打碎了，顿时大厅酒香四溢，凭借这股酒香，茅台酒终于在国际舞台上闪亮登场，摘得桂冠，与威士忌、白兰地并列成为世界三大名酒。

黎庶昌用另类的展销方式——打破酒瓶闻酒香成功打开了茅台酒的

国际知名度，由此可见，要想提高业绩，不能再因循守旧，而应适时抛掉老观念，摆脱思维束缚，做一个思想与时代同步的“新鲜人”，这样你解决问题的能力才会越来越强，业绩自然节节攀升！

7 自我设限：囚在失败的阴影中

所谓自我设限就是我们的潜意识被“囚”在某段不好的经历中无法自拔，以至于以后再遇到类似的事情同样觉得自己没有能力跨越障碍，解决难题。我们常说的“一朝被蛇咬，十年怕井绳”，其实就是自我设限的表现。

作为一名员工来说，工作上出现失误在所难免，关键在于能够在失败中汲取经验教训，而不是给自我设限，让失败的阴影始终停留在内心深处挥之不去，这样终会影响业绩的提升。

> 科学家曾经对跳蚤做过这样一个有趣的实验：他们先把跳蚤放在桌上，一拍桌子，跳蚤一跃而起，最大起跳高度能达到其身高的100倍。之后，科学家将一个玻璃罩放在了跳蚤的头上，再让它跳，因为有了玻璃罩的缘故，跳蚤都会因碰上玻璃罩而摔下来，这样连续多次后，跳蚤为了不再受伤而改变了起跳高度，每次跳跃总保持在罩顶以下高度。接下来科学家又逐渐降低了玻璃罩的高度，而跳蚤则都在碰壁后主动改变自己的起跳高度。最后，科学家用了一个接近桌面高度的玻璃罩，这时跳蚤已经再也跳不起来了，只能爬行。一周后科学家将玻璃罩拿走，再拍桌子，跳蚤仍然在爬行，已经变成一只可悲的“爬蚤”了！

故事中的跳蚤并非丧失了跳跃能力却变成了只会爬行的“爬蚤”，只因它心中已经建起了一座自我设限的牢笼而不敢再跳跃，怕碰壁、怕受伤。

西方有句谚语说得很好：**“上帝只拯救能够自救的人。”**要想获得成功，你必须先要有成功的欲望，清除阻碍你成功的心魔，只有相信自己的人方能有成功的可能。

有一个叫莉莉的小姑娘，因为是私生女，所以经常受到他人的嘲笑与歧视，于是她渐渐变得懦弱，不想与别人接触，自闭倾向越来越严重。

直到有一年，镇上来了一位牧师。莉莉经常见到别的孩子在父母的带领下进入教堂，然后兴高采烈地出来，对此她感到十分地羡慕，终于有一天她鼓起勇气，偷偷溜进了教堂，刚好听到牧师讲道："过去不等于未来。过去你成功了，并不代表未来还会成功；过去失败了，也不代表未来也要失败。因为过去的成功或失败只是代表过去，而未来是靠现在决定的。现在干什么、选择什么，就决定了未来是什么！失败的人不要气馁，成功的人也不要骄傲。成功和失败都不是最终的结果，它们只是人生过程的一个事件。因此，这个世界上不会有永远成功的人，也没有永远失败的人。"

莉莉被牧师所讲的话深深触动了，她突然感觉一股暖流冲击着她冷漠、孤寂的心灵。从那以后，莉莉每天都会去教堂偷听牧师讲话，不过每次都偷听几句话就走掉，因为她觉得自己没有资格进入教堂。不过有一天，莉莉听得特别入迷，以至于教堂的钟声响起才猛然惊醒，但显然已经来不及了，逃跑的出路已经被率先离开的人群给堵住了，她只好低下头跟着人群慢慢向门口移动。

就在这时，莉莉突然感觉一只手搭在了她的肩膀上，于是扭头一看正是牧师。"你是谁家的孩子？"牧师和蔼可亲地问道。这句话是莉莉最怕听到的一句话，她站在那里不知所措，眼睛里也蓄满了惊慌与羞愧的泪水。人们也因为牧师的话停止了离去的脚步，几百双眼睛齐刷刷地盯着莉莉。正当莉莉想要逃跑的时候，牧师脸上露出慈祥的笑容，开口道："哦，我知道你是谁家的孩子——你是上帝的孩子。"然后，牧师抚摸着莉莉的头发，说道："这里的人和你一样都是上帝的孩子！过去不等于未来——不论你过去怎么不幸都不重要，重要的是你对未来必须充满希望。现在就做出决定，做你想做的人。孩子，人生最重要的不是你从哪里来，而是你要到哪里去。只要你对未来怀有希望，你现在就会充满力量。不论你过去怎样，那都已经过去了，只要你调整心态、明确目标，乐观积极地去行动，那么成功就会属于你。"

牧师的话音刚落，教堂里顿时响起了一阵热烈的掌声，莉莉十几年的自我设限也在此刻轰然倒塌，从此莉莉变了……

莉莉在牧师的引导下，终于打破了童年的梦魇，将"自己是私生女"这个烙印彻底从心底拔出，渐渐明白她并不比别人低一等，没有必要感到自卑，她同样有追求幸福的权利，自己的出身无法改变，但可以改变将来要过的生活，从此莉莉为她未来的幸福奋斗者。

其实任何一位优秀的员工不可能一开始就是优秀的，他之所以够资格成为"优秀"，可贵之处在于他能够突破自我设限，从失败的经验中总结教训而后继续踏上征程，他们始终相信自己能够走出失败的阴影，相信一次的失败不能代表永久的失败，相信明天会更好，相信属于自己的那份成功一定会到来！

8　没有主见：抓不住身边的业绩

什么是主见？简单来说就是人们对于客观事物有一个正确的决断。正因为伽利略有自己的主见，方能让我们知道自由落体的真正原因；也因为哥白尼有主见，对现代影响至深的"日心说"方能问世；同样因为达芬奇有自己的主见，才有了像《最后的晚餐》、《蒙娜丽莎的微笑》这样的经典传世之作的诞生……所以说，人一定要有自己的主见，没有主见的人是可悲的。

从前有一对爷孙俩，买了一头驴，往家走的过程中爷爷看孙子年龄小就让他骑在驴身上，走着走着，有人说孙子不懂孝敬，孙子听后就让爷爷骑着驴走，这时又有人指责爷爷不疼孙子，于是爷孙俩干脆都不骑了，牵着驴走，可是还是有人笑话他们放着好好的驴不骑，纯粹是俩傻瓜，听到这话，爷孙俩都骑在了驴身上，这样还是堵不住有些人的嘴，说这爷孙俩心真狠，存心想把驴累死，最后，没办法了，爷孙俩把驴的四蹄绑起来抬着走了。

故事中的祖孙俩正是由于缺少主见，才变成任人摆布的玩偶，最终落得个尴尬与愚昧的下场。

我们做员工的一定要有自己的主见，逐渐培养自己能够独当一面的能力，这样才能让老板省心，受到老板的器重。

约翰和汤姆同是一家零售店铺的店员，他们刚开始的工资都是一样的，可是一段时间后，约翰被加薪，而汤姆却还是老样子。

这天不服气的汤姆去找老板抱怨自己受到不公正的待遇。老板听完后并没有马上做出解释，而是让他去集市上看看今早有卖什么的。汤姆虽然不解，但还是去了，回来后向老板报告说:“今早只有一个农民拉了一车的土豆在卖。”老板又问道:“那土豆有多少?”汤姆只好再跑一趟集市去弄清楚。“四十袋。”汤姆回来后对老板说道。“那土豆的价格是多少?”老板继续问道。汤姆又跑了一次市集才弄清楚价格。这时老板说道:“好吧，现在请你坐下，一句话也不要说，看看别人怎么做。”

被派去调查的约翰很快便回来了，并汇报说，到现在为止只有一个农民在卖土豆，一共四十袋，价格是××；土豆的质量很不错，还顺道带回来一个让老板瞧瞧。另外他想着昨天买的西红柿价格很便宜，可是卖西红柿给他们的农民铺子里库存已经不多了，老板肯定会想着多进一些的，所以他不仅带来了一个西红柿样品，还把卖西红柿的农民也一并带来了。

此时老板转向汤姆,对他说道:“你现在肯定知道为什么约翰的工资比你高了吧!”

故事中的约翰和汤姆虽然同做一份工作,但待遇却不尽相同。为什么会这样呢?从他们两个人的行事上便可知晓答案:约翰属于有主见的员工,他能够想老板所想,主动去做老板希望去做的事情,这样不仅让老板少操了不少心,更为公司创造了可观的价值。而汤姆则正好相反,完全是老板一个口令他一个动作,完全没有自己的想法和主见,像他这样的人在工作上只要一遇到困难就会停滞不前,只能干等着老板或是其他的同事将问题解决。

做老板的不能够凡事都亲力亲为,因为他没有那么多的精力,所以他更需要的是有主见的员工,而不是“鹦鹉学舌式”的员工。

美国钢铁大王安德鲁·卡内基年轻的时候曾做过铁路公司的电报员,一天正值他加班,突然收到一份紧急电报,原来在附近的铁路上,有一列装满货物的火车冲出了轨道,要求上司通知所有要经过此处的火车改变路线或暂停运行,以免发生事故。

当天由于是星期天,卡内基一连打了好几通电话都没有和上司取得联系。眼看时间一分一秒的过去,而这时又正好有一辆列车向出事地点移动,卡内基做了一个大胆的决定:冒充上司发布命令。他深知此举会被开除,所以在发布完命令后就写了一封辞职信放在了上司的办公桌上。

第二天,卡内基没有去上班,却接到了上司让他去公司的电话。当卡内基到达上司的办公室时,上司当着他的面亲自把辞职书撕个粉碎,并微笑着对他说:“由于我要调到公司的其他部门去工作,所以由你接任这里的负责人。不是因为其他原因,只是你在正确的时机做了一个正确的决定。”

试想一想,如果卡内基是一个没有主见,唯上司命令是从,为保住饭碗不敢打破规矩的人,那么我们不难想象那次的事故会让多少人遭受牵连。正是因为他有主见才避免了一场悲剧的发生,也正是因为他的主见

让他赢得领导的器重，获得高升的机会，

由此可见，一个有主见的员工，必定能为公司创造更多的价值，必定能在自己的工作岗位上创造出可喜的业绩；反之，一个没有主见的员工，不仅会抓不住身边的业绩，还会让老板感觉你就是个“扶不起的阿斗”，不值得他花费那么多的精力，反正人才多的是！

9 缺乏责任感：业绩黯然失色

有这样一个小故事，通过它可以让我们深刻地体会到：每一个人都有他必须要背负的责任，而这些责任不能逃避，只能面对、承担。

有位中年人觉得自己的日子过得很辛苦，不堪重荷的他想要寻求解脱的方法，于是便向一位禅师求教。禅师并没有直接告诉他解脱的方法，而是给了他一个篓子要他背在肩上，并指着前方一条坎坷的道路对他说道：“每当你向前走一步，就弯下腰来捡一颗石子放到篓子里，然后看看会有什么感受。”

中年人虽然不明白禅师让他这样做的意图，但还是照办了，当他将背上的篓子都装满石头后，禅师问他这一路走来有什么感受。

“我感到越走越沉重。”中年人回答说。

“其实每一个人来到这个世上时，都背负着一个空篓子。我们每往前走一步就会从这个世界上捡一样东西放进去，因此才会有越来越累的感慨。”禅师又说道。

“那么有什么方法可以减轻人生的重负呢？”中年人又问道。

禅师反问他说：“你是否愿意将名声、财富、家庭、事业、朋友拿出来舍弃呢？”

中年人沉默了，一时想不出辩驳的话来。

禅师接着说道：“每个人的篓子里所装的，都是自己从这个世上寻求来的东西,一旦拥有它,就对它负有责任。"

禅师最后的话语是非常发人深省的,的确,我们只要活在这个世上,就注定有我们必须担负的责任。在家庭中,作为子女的我们必须担负起赡养父母的责任;在社会中,作为公民的我们有遵纪守法的责任;在职场中,作为员工的我们自然就有对工作认真对待、对公司尽心尽力的责任。拥有强烈的责任感会让我们在自己的工作岗位上兢兢业业,工作自动自发、不找任何借口,能够将工作细节都做得尽善尽美;相反,缺乏责任感会让我们失去工作的动力,业绩很难做得出色,饭碗自然保不住。

小灿和小燕同在一家公司的内勤部工作,因为公司进行内部整顿的关系,需要裁减一部分员工,而她们两个就在下岗的名单中,一个月后将自动离职。

得知这一消息的小灿,第二天上班心里仍然很憋气,情绪仍然很激动,一会找同事哭诉,一会找主任伸冤,完全将她的分内工作如定盒饭、传送文件、收发信件等都抛在一边,同事们因为知道她的情况,不好再说什么,只好替她干。而小燕呢,下岗的不幸也让她哭了一个晚上,可是她心里明白:难过归难过,离走还有一个月呢,工作总不能不做。于是第二天上班的时候她仍像平时一样坐在办公桌前,开始一天的工作。同事们知道她要下岗了,都不好意思再找她打字了。当她明白大家的顾虑后特地和大家打招呼,主动揽活。她说:"是福不是祸,是祸躲不过,反正也就这样了,不如好好干完这个月,以后想给你们干都没机会了。"于是,同事们又像从前一样对待小燕,"小燕,把这个打出来,快点儿!""小燕,快把这个传出去!"……而小燕总是连声答应,手指飞快地点击着,辛勤地复印着,随叫随到,坚守着她的岗位,坚守着她的职责。

一个月后,小灿如期下岗,而小燕却被从裁员的名单中删除,留了下来。主任当众宣布了老总的话:"小燕的岗位谁也无法代替,像小燕这样的员工公司永远也不会嫌多!"

小灿如期下岗了，小燕却从裁员的名单中删除被公司留了下来，这其中到底有什么玄机吗？其实通过俩人得知下岗消息后的工作表现就可以知道，是小燕强烈的责任感为她扭转了危局，让她走出“山穷水尽”，重见“柳暗花明”；而小灿因为缺乏责任感，遇事只会怨天尤人，在工作中没什么业绩，完全是可有可无的人，裁员裁到她的头上自是顺理成章的事情。

所以说，员工一定要有责任感，靠着它，就能在自己的工作岗位上做出出彩的业绩，就能在工作出纰漏的时候不找借口推诿，主动想办法弥补犯下的过错，这样一来你的诚意一定会将对方打动，问题解决的同时也赢得了别人的敬重，公司也会因你的责任感而愿意再给你一次机会，一次成功的机会。

吉埃丝是一位美国记者，有一天她来到日本东京，在奥达克余百货公司买了一台唱机，准备送给住在东京的婆婆作为见面礼。在购买唱机的过程中，售货员非常热情，尽职地为她介绍了各种款式的唱机，最后还为她特地挑了一台尚未启封的机子。吉埃丝对他们的微笑服务感到很满意，然而当她回到住处，打算拆开包装试用时，才发现机子没装内件，根本无法使用。吉埃丝不觉火冒三丈，准备第二天一早就去百货公司进行交涉，之后她还是无法平息心中的怒气，就写了一篇名为《笑脸背后的真面目》的新闻稿打算揭露百货公司的“真面目”。

第二天一早，还没等吉埃丝出门，就有一辆汽车赶到她的住处，从车上下来的是奥达克余百货公司的总经理和拎着大皮箱的职员。他俩一走进客厅就俯首鞠躬、连声道歉，希望吉埃丝能够原谅他们的过失，并郑重声明这样的事情绝不会有下次。吉埃丝见他们的道歉态度很是诚恳，就接受了他们的道歉及赔偿，但她不明白百货公司是如何找到她的，于是便问出了她的疑惑。那位随总经理同行而来的职员便向她讲述了大致的经过。

原来，他昨天下午清点商品时，发现将一个空心的货样卖给了一位顾客，他深知此事的严重性，不是隐瞒就能平息的风波，于是就上报给总经理，总经理得知后马上召集有关人员商议。当时只有两条线索可循，即吉埃丝的名字和她留下的一张美国快递公司的名片。据此百货公司展开了一场无异于大海捞针的行动。先是打了32个紧急电话，对东京的各大宾馆进行查询，可惜没有结果；之后又打电话到美国快递公司的总部，终于从中得知吉埃丝在美国父母的电话号码；紧接着，打电话打到了美国，从吉埃丝父母的口中得知她在东京婆家的电话号码，这期间一共打了35个紧急电话。职员说完，总经理将一台完好的唱机送给吉埃丝，并且又附加了一张唱片和一盒蛋糕，并再次表示歉意后离去。

吉埃丝的感动之情可想而知，她立即重写了新闻稿，题目就是《35个紧急电话》。

吉埃丝从一开始的气愤不平到最后的感动不已，从一开始写的“笑脸背后的真面目”到最后更改为“35个紧急电话”，这一系列的转变都源自她被奥达克余百货公司负责任的态度所折服，被他们公司职员强烈的责任感所感动。试想一下，如果当时那位员工隐瞒不报，将工作上的过失企图掩盖过去，那之后将会是怎样一番场景：吉埃丝会去找公司理论，如果员工抱着不负责任的态度处理问题，那只会使矛盾升级，那篇名为“笑脸背后的真面目”的新闻稿会让公司的信誉大受影响。为了挽回公司的声誉，必须得对相关人员进行处置才能平息众怒，自然那位隐瞒不报的员工就会充当炮灰，第一个被裁掉……

不管怎样，作为员工必须得有责任感，责任感会让员工对待工作认真负责，会让员工勇于承担过失，并尽自己所能去弥补过失，这样一来危机就会化为转机，为自己赢得一次成功的机遇；相反，缺乏责任感的员工对待工作敷衍了事、得过且过，业绩自然黯然失色，最终会因此而丢了饭碗。

10 不讲诚信:坑掉了业绩

诚信是中国传统文化的核心内容之一,诸如“言必信,行必果”、“一言既出,驷马难追”、“一言九鼎”、“一诺千金”等都很好地说明了诚信的重要性。的确,诚信是立身之本,企业讲诚信,便能获得长足的发展,海尔就是靠着“真诚到永远”的诚信态度赢得了广阔的消费市场;同样地,员工讲诚信便能自觉维护公司的荣誉,坚决不做有损公司形象的事情。

一天,一位顾客走进一家汽车维修店,自称是某运输公司的汽车司机,当店员问他需要什么的时候,他开门见山地对店员说道:“如果你能在我的帐单上多写点零件,等我回公司报销后,自然少不了你的一份好处。”但他的提议遭到了店员的拒绝。

遭到拒绝的顾客仍不死心,继续游说道:“我的生意不算小,会常来的,你肯定能赚很多钱!”店员仍不为所动,明确告诉顾客这种事情无论如何他也不会做。

再次遭拒的顾客显得有些气急败坏,大声冲店员嚷道:“谁都会这么干的,我看你是太傻了。”店员一听火了,要顾客马上离开,到别处谈这种生意去。

这时顾客一反先前的模样,脸上露出满意的微笑并满怀敬佩地握住店员的手说道:“其实我是一家运输公司的老板,我一直在寻找一个固定的、信得过的维修店,而你的诚信足以证明你们店的信誉是信得过的,这下终于让我找到了,你还让我到哪里去谈这笔生意呢?”

上述事例中,店员不被金钱所诱惑,靠着自己的诚信为店里赢得了一个大的客户,这是非常难能可贵的!试想一下,如果当时店员没有坚持住自己的立场,接受了那位“顾客”的利诱,那么他不单单为店里损失了一笔大生意,更有可能在事情曝光后因此事而丢了饭碗,因为没有一个老板能够容忍一个对自己不忠的人待在自己的身边。

微软公司副总裁李开复曾经面试过这样一位求职者，这个人在技术、管理方面都很出色。但是在谈论之余，他表示，如果李开复能够录用他，他甚至可以把在原来公司工作时的一项发明带过来。随后他似乎察觉到这样说有些不妥，便改口说那项发明是他在下班之后做的，老板并不知情。这一番谈话下来，李开复就再也不肯录用他。

事后，李开复解释不录取那位应聘者的原因是因为他缺少最起码的职业道德，让他进入公司工作，公司会承担一定的风险，谁也不敢保证像他那样不讲诚信的人不会在工作一段时间后，将做出的成果也当做“业余之作”去讨好其他公司。

由上述的例子，我们可以看出：讲诚信是一个员工最起码的道德准则，也是员工在职场中做出业绩不可或缺的美德。

当然，我们讲诚信的对象不仅仅局限于我们的顾客及我们的上司，同事也应成为我们讲诚信的对象，古人云：“以诚感人者，人亦诚而应。”，所以说，诚信具有双向性，如果你以诚对待自己的同事，答应同事的事情决不食言，那么同事也会以诚回报你，这样一来，同事之间的关系会变得更为和谐融洽，工作效率自然会随之提高，提升业绩指日可待；相反，如果你是一个食言而肥的人，在与同事相处的过程中，经常扮演“放羊的小孩”，长此以往，你的信誉额度在同事那里会渐渐透支，等到你需要真正帮助的时候，没有人会帮助你，孤立无援的你会因缺少援助而失败。可见，不讲诚信害人终害己，不仅输掉了你的人格，也坑掉了你的业绩。

11　缺乏沟通：业绩低效的病根

有这样一则小故事，通过它便能体会到沟通的重要性。

狮子和老虎之间爆发了一场激烈的冲突，到最后两败俱伤。

当狮子快要断气时，对老虎说："如果不是你非要抢我的地盘，我们也不会弄成现在这样。"老虎吃惊地说："我从未想过要抢你的地盘，我一直以为是你要侵略我。"

试想一下，如果当时狮子和老虎能够事先和对方沟通一下，而不是按照自己的意愿去行事，那么结局一定会大不相同，绝不可能以两败俱伤来结束。因此可以说，沟通很重要，有时可以避免无谓的争斗。动物之间尚且如此，我们人类则更需要沟通，因为人不可能孤立地生活在这个世界上，人与人之间、人与群体之间要想思想达成一致、感情融洽通畅，这都需要沟通，如果没有做到有效的沟通，只是按照鲁莽的自愿行为去做事，那么想要成功是不可能的。

财会专业出身的小雨大学毕业后到一家公司应聘财会工作，财会经理对她的表现并不是很满意，但因为她的形象不错，人力资源经理打算给她一个机会，让她从事客服工作，结果她的工作表现仍然叫人大失所望，最终也失去了这唯一的机会。

问题到底出在什么地方呢？难道小雨的工作能力真的有那么差吗？后来才知道缺乏沟通才是小雨工作上最大的致命伤。

小雨的性格过于内向，她不喜欢与他人进行沟通和交流，平日里不主动与同事打招呼，遇事也不向同事或是师傅请教，接到不明白或是不清楚的工作任务时也不向上司提出疑问，总是按照自己的理解去做，结果往往与上司的要求相去甚远。

上述事例中的小雨就是一个因缺乏沟通而失败的典型，所以说我们不能将自己孤立起来、封闭起来，不与他人接触，而应该学会沟通，充分理解对方的意愿和需求，这样才能顺利完成一项工作任务，并符合老板的期望。

有一个单位招聘业务员，由于公司待遇很好，所以有很多人面试。经理为了考验大家就出了一个题目：让他们用一天的时间去向和尚推销梳子。很多人都说这不可能的，和尚是没有头发的，怎么可能向他们推销？于是不少人就放弃了这个机会，但是有三个人愿意试试。第三天，他们回来了。

第一个人卖了1把梳子，他对经理说："我看到一个小和尚，头上生了很多虱子，很痒，在那里用手抓。我就骗他说抓头用梳子抓，于是我就卖出了1把。"

第二个人卖了10把梳子，他对经理说："我找到庙里的主持，对他说如果上山礼佛的人的头发被山风吹乱了，就表示对佛祖不尊敬，是一种罪过，假如在每个佛像前摆一把梳子，游客来了梳完头再拜佛会更好，于是我卖了10把梳子。"

第三个人卖了3000把梳子，他对经理说："我到了最大的寺庙里，直接跟方丈讲，你想不想增加收入？方丈说想。我就告诉他，在寺庙最繁华的地方贴上标语，捐钱有礼物拿。什么礼物呢，一把功德梳。这个梳子有个特点，一定要在人多的地方梳头，这样就能梳去晦气、梳来运气。由于很多人捐钱，于是我一下子就卖出了3000把。"

对于上述三个应聘者的表现，不用多说，最后肯定是第三个应聘者被录取，不单单是他卖出去的梳子最多，更为重要的是，他能够做到与对方有效地进行沟通，并且站在对方的角度考虑问题，这样一来更能说到对方的心坎上，双方意愿达成一致的可能性更大些，工作自然会有突出的绩效。

所以说，如今在职场中，我们应该摒弃"沉默是金"的信条，它只会让你在工作中维持现状，毫无建树可言，甚至还会拖你业绩的后腿；要想业绩有所提升，要想深得老板的欢心，必须要学会与同事和老板进行沟通，这样才能接收到更多有用的信息，更快、更好地领会老板的意图，把工作做得尽善尽美。

第十一章　不断刷新自己的业绩

在职场上，业绩就是你实力最好的证明，为了捍卫你牢不可破的地位，避免成为下一朵拍在沙滩上的前浪，你必须要不断提升自己的价值，让自己不可替代，不断刷新自己的业绩，只有成为业绩最棒的员工，才能笑傲职场，波澜不惊！

1 从优秀到卓越

作为一名员工，能够把自己的本职工作做好，就已经算得上是一位优秀的工作者，但如果能够不断超越自我，不断激发自己内在的潜能，把工作做得出彩、出新，亮点不容忽视，你便又上升了一个层次，跻身卓越行列，这样的你会更受老板赏识的。

一天，狮子派三只狐狸去做同样的事，就是去调查森林里兔子的数量、分布及习性。5分钟后，第一只狐狸便回来了，它并没有亲自去调查，而是把自己向狼打听的一些情况报告给了狮子。第二只狐狸是在30分钟后回来的，它把自己亲自调查的情况如实汇报给了狮子。而第三只狐狸在一个半小时后才回来汇报工作，它先向狮子汇报了自己搜集的有关兔子数量、分布及习性的资料，然后凭借以往自己对兔子的了解把自己绘制的地形图呈给了狮子，顺便附带了抓兔子的方案。

第二天，狮子便对第三只狐狸进行了奖赏。

从上面的小故事中我们可以看出：第三只狐狸的确是一个不可多得的人才，它不仅做到了狮子吩咐做的事，更能从大处着眼，从狮子内心的需求出发，做出让狮子产生惊喜的举动，让狮子印象深刻，对它另眼相看，并给予奖赏以资鼓励。

虽然我们都明白要想达到“卓越”的境界并不是一件轻而易举的事情，它是个人能力的升华，需要不断地超越自我，尽管过程会很曲折，但我们一定要有这样一种意识：困难像弹簧，你强它就弱，你弱它就强。所以从现在开始我们不妨保持一种积极进取的心态，不断提高自己的职业技能，迎难而上，打破常规，开发潜能，终有一天你会成为平凡岗位上一颗不平凡的光彩夺目的新星。

《麦克卢尔》杂志是麦克卢尔一手打造的，期间他为此付出了很多心血，但正当《麦克卢尔》杂志创刊一周年稳步发展之际，突如其来的经济危机让麦克卢尔陷入了事业的最低谷。在此之后遭受打击的他向上司倾诉了自己的苦楚，并认为自己之所以惨败，跟自己的能力不足有很大关系，现在所做的事情已经超出了自己的能力范围。

他的上司在麦克卢尔倾诉的过程中一直扮演着倾听者的角色，脸上看不出一丝因事业陷入僵局而感到焦虑的神情，待麦克卢尔情绪平静后，还安慰他说："假如一个人不是超过他的能力而工作，那说明他还没有最大限度发挥自己的潜能。你总会在最困难时找到最好的解决方案，而你也一定会因此进入到一个全新的领域，你会发现再没有什么困难可以难倒你，也不再有什么力量可以阻挡你向前。"

麦克卢尔听完这番话后深受鼓励，一扫之前的阴霾，重拾信心，并把上司的话写下来，贴在办公室最为显眼的地方，每天都要重复一遍，同时也开始勇于面对困难和阻力，并且总能找到出乎意外的解决方案，这为他的工作迎来了更大的发展空间。

从麦克卢尔的事业轨迹：成功崛起——跌入低谷——重新复出，我们不难看出：在通往卓越的道路上会有很多"拦路虎"，只有那些永不言弃、能审时度势的勇者方能通过考验，最终成为一个卓越的人。

2　每天进步一点点

相信大家都听过"滴水穿石"、"铁杵磨成针"或是"精卫填海"的故事，虽然毅力在其中占很重要的角色，但同样也清楚地向我们证实了这样一个哲学道理：当量变积累到一定程度时就会产生质变。同理可证，若作为员工的我们每天都在自己的工作中取得一点点进步，哪怕是微乎其微的，长此以往定能摘取成功的桂冠。

小池本是一家商店的小店员，可后来却成功创业，成为拥有多家企业的董事长，当被问及成功的秘诀时，小池回答道：所有成功的企业家都是脚踏实地一步一步攀上峰顶的，他们不会想着一口吃成个胖子，而是先从力所能及的事情上着手，先做小生意，并且脚踏实地地学习，不断充实、提高自己的实力，待小生意做成功时再转做大生意，这样循序渐进的做事方式才不会招致失败。

听了小池的成功感言之后，我们不难发现：成功没有什么捷径可走，而是一步一个脚印走出来的。也许现在的你在工作中成绩平平，没有什么可取之处，但只要从此刻起改变混日子的心态，而有意识地激励自己每天进步一点点，这样日积月累你会因业绩惹眼而吸引老板的注意，成功对你来说将不再遥不可及。

但需要注意的是，进步的取得贵在持之以恒，坚持方能有机会品味到成功的幸福滋味，若心存三天打鱼两天晒网的心态，或是一遇挫折就想退缩，这样的人永远都无法攀上成功的巅峰，享受成功的喜悦。

金昌顺通过了岗前培训，顺利成为一名冰箱总装焊接工，而他的梦想则是当上海尔的焊接大王。他虽然明白梦想的实现不能靠空想，而要有所行动，但却一时想不出该怎么办，因为心急，他想通过焊接比赛试试自己，可惜失败了，也给他的心灵蒙上了一层阴影，让他一度陷入消极的情绪中无法自拔，并开始怀疑自己的梦想难道真的只是自己的空想？

他的师傅见到他如此这般，便开导他说："任何能力的提高都有一个过程，不要心急。如果日事日毕，日清日高，每天提高1%，长期坚持下来，就会有几何级数的提高。"金昌顺听完师傅的话深受触动，从那以后，他每天都利用业余时间苦练基本功，风雨无阻。苍天不负有心人，随着他焊接技术的日益精湛，终于让他在一场大型的焊接比赛中脱颖而出，摘得桂冠，并受到公司的嘉奖。

金昌顺正是凭借每天让自己进步1%的信念，实现了自己的既定目标。其实有时我们离成功真的不远，只要你能保证每天比别人多进步1%，业绩自然水涨船高。

3 不安于现状，让自己不可替代

古语有云："生于忧患，死于安乐。""人无远虑，必有近忧。"这些经典的话语对于身在职场的我们来说同样具有警示意义，时刻提醒我们千万不能安于现状，没有一点进取心，否则你很有可能成为下一只温水中死去的青蛙，下一朵被拍在沙滩上的前浪。

一位从医科大学毕业的人开了一家诊所，起初生意非常好，他也很满意自己的医术。可是若干年后，他的生意渐渐走向滑坡，并最终倒闭，而他自己也由一个成功人士变成一个失败者。想要知道原因吗？原来自他开诊所以来，诊病下药都是用的老法子，对最新的医学刊物不去花时间研读，对新出的医疗器械及药品也不相应引进，就连诊所的陈设也数年如一日。慢慢地，患者都跑去对面有先进医疗器械及药品的诊所那里去了。

虽然我们会为他的遭遇深表惋惜，但世上没有后悔药可吃，再多的悔恨也挽救不活他的诊所。由此可见：安于现状真是害人不浅！

既然我们不能安于现状，那么拥有进取心是必须的，这种心态会让我们想要努力提升自己的价值，不断积累丰富的经验，让自己不可替代，做一个永远在职场里能够吃得开的香饽饽。

拿破仑·希尔曾经聘用一位年轻的小姐专门为其拆阅、分类及回复私人信件。因为年轻小姐每次都是根据希尔的口述来记录信的内容，所以她的薪水和其他从事类似工作的人差不多。一天，希尔要求年轻小姐将他口述的格言打下来，具体内容是："记住，你唯一的限制就是你脑海中所设立的那个限制。"

当年轻小姐把打好的格言交给希尔时说道："你的格言使我获得了一个想法，对你、对我都很有价值。"从那以后，她主动做不是自己分内而且也没有报酬的工作，并把写好的回信放到希尔的办公桌上，因为已经研究过希尔的风格，所以回信写得跟希尔自己写的完全一样，有时甚至更好。这样的情况一直持续到希尔的私人秘书辞职为止，因年轻小姐的优异表现希尔都看在眼里，所以秘书一职毫无悬念地就给了年轻小姐，之后又因她办事效率高，并能从容应对希尔交给她的“意外”工作，所以屡次受到希尔的嘉奖，如今她的薪水已是刚来时的四倍，身份也跟着晋级，成为希尔不能失去的帮手。

由上述事例可见：在职场中，拥有一身过硬的本领至关重要，它关系着你以后的前途是一片光明，还是一片黑暗。我想聪明的你自有决断，现在就努力让自己成为一个不可替代的人吧！

4 不断给自己充电

如今，随着知识更新的速度越来越快，使得现代职业半衰期也越来越短，如果你不能及时为自己“充电”，让自己时刻保持一种最佳的工作状态，那么不久之后等待你的将会是降职、降薪，甚或被淘汰出局，成为失业一族，因此，你需要不断给自己“充电”，及时补充“养料”，这是保持职业生命的唯一方法。

从前有两个和尚，他们分别住在相邻的两座山上的庙里，这两座山之间有一条河，每天同一个时间两个和尚都会去河边挑水，日子久了便成了好朋友。

就这样五年过去了，突然有一天右边山上的和尚发现左面山上的和尚没有来挑水，便心想可能是睡过头了，所以没有在意，可是第二天甚至一个星期都过去了，左面山上的和尚还是没有出现，这时右边山上的和尚就开始担心起来，心想：“我的朋友可能生病了，我要过去看望他，看看能帮上什么忙。”

当右边和尚到达左边和尚所住的地方时，正好看见左边和尚正在庙前打太极拳，完全不像一星期没喝水的样子，吃惊之余便问道：“你已经一个星期没有下山挑水了，难道你可以不喝水吗？”左边和尚听后便把右边的和尚领到庙的后院，指着一口井说道：“这五年来，我每天做完功课后，都会抽空挖井，即使有时很忙，能挖多少就算多少。如今，我终于挖出水来，也就不必再下山挑水，可以有更多的时间，练我喜欢的太极拳了。”

五年前，两个和尚过着同样的生活：都得下山挑水喝；五年后，左边的和尚通过不断给自己“充电”，让自己跻身成为“有水一族”，不再为喝水而每天辛苦奔波，有更多的时间做自己喜欢的事，反观右边的和尚还是得每天去山下挑水，否则只能挨渴。如此截然不同的生活方式不能不让人惊叹“充电”的重要性！由此也可以得出：自我超越是个人成长的必修课。

小敏是一名中专毕业生，能够进入这家大公司工作她感到很荣幸，因此十分珍惜这来之不易的机会。但她的工作就是一个普普通通的文员，每天就是打字、复印等不需要什么知识的工作。工作很清闲，待遇也不错。但是小敏从来没有就此满足过，她知道自己学历低，如果只靠这点知识日后一定没有什么发展。为此，小敏总是在下班之后把公司里的大大小小她所接触到的事情都理一遍，看看这些事情都需要哪些方面的知识。经过几个月的用心观察和研究，她发现英语是她必须要学的。从那以后，小敏把每个月的工资都拿出一部分来作为学费，因为她报名参加了一所学校的英语大专课程。虽然这个课程让小敏很辛苦，但她一直坚信多学点知识总是有好处的。果然，小敏的机会从英语中来了。一次，她下班回家，碰巧一个外国商人迷路向她问路，小敏立刻用自己所学的英语口语与他交流了一下，并把他送到了目的地。途中两人谈的很投机。重要的是通过交谈，这名外国朋友知道小敏的公司正好符合他们的项目要求。在小敏的引荐下，公司竟然与这位外商达成了项目协议，而小敏则负责整个项目的协调工作。项目顺利完成后，小敏也就顺理成章地升职了。

当今已进入知识更新周期非常短的时代。无论你以前做过什么、学过什么，对于你的以后可能都不是很有用，你要跟这个时代同步，就必须不断吸取新的知识。其实，身在职场的人都一样，要想成为公司里受老板赏识、器重的人，就要能够为老板排忧解难、创造利润，但前提是你脑子里必须有东西，东西从哪里来，当然要靠你不断地给自己“充电”。

也许有人会抱怨说平时工作就够忙、够累了，回到家只想好好睡一觉，哪还有多余的时间来学习。心存这样的想法是不可取的，鲁迅先生曾经说过这样一句话："时间就像海绵里的水，只要愿挤，总还是有的。"由此可见，时间并不是你学习的阻碍，偏颇的想法才是，只要你有心学习，任何问题都不是问题。另外，学习并不是只有工作之余才能干，在工作过程中同样可以学到很多有价值的东西，只要你有一双善于发现的眼睛，一份虚心求教的心意，这样的你终会得到你想要的东西。

卡莉·费奥瑞纳女士是惠普公司董事长兼首席执行官，作为全球第一女CEO，她是如何从一名不起眼的秘书发展到今天的地位呢？她的一句话揭示了她成功的秘诀："不断学习是一个CEO成功的最基本要素。"而她也正是这样做的，每天在工作中总结经验，在经验中汲取精华，在精华中尝试更好的方法来提高工作效率，适应变化莫测的职场环境，最终成就了自己的事业。

卡莉·费奥瑞纳女士用她自己实际的行动向我们揭示了这样一个道理：心有多大，舞台就有多大。只要你有心去"充电"，你就有可能改变现状，创造属于自己的一片天堂。所以说不妨从现在开始就把你工作的环境当做是你学习的课堂，这样就算再忙碌，你照样可以给自己"充电"，何乐而不为呢！

5 永远超过老板预想的期望

要想成为一名优秀的员工，必须抛弃过去那种"唯老板命令是从"的陈旧观念，若工作没有半点主动性，往往别人说什么你就做什么，这样不仅做不好工作，也很难获得上级的认同。

有一个刚上任的经理助理非常听经理的话，甚至到了亦步亦趋的地步。有一天，经理让他通知各个主管开会，而他也确实给每一位都打电话通知了。可是到了开会时间，还有两位主管没到，经理就问助理："他们怎么没来？什么原因？"助理认为自己已经完成了经理交代的任务，于是很坦然地对经理说道："我已经通知他们了，不知道什么原因没来。"经理听完他的话后很生气："我要让这些主管都来参加会议，并不是仅仅让你发布通知。"

从上面的事例中我们不难看出：现在的职场中那些"木偶式"员工已经不再是老板眼中的"宠儿"，想要成为让老板欣赏的员工，办法只有一个，那就是积极主动地去工作，当然前提是你必须弄明白老板的真正用意，这样方能超出老板的预期期望，成为能带给老板惊喜的人。

从前有一个有钱人，在他要出门远行前把仆人们都叫到了一起，并根据他们每一个人的能力将自己的财产按数量的多寡交给他们保管。分到十两银子的仆人将它作为经商的本钱，并顺利赚到了十两银子；同样，拿到五两银子的仆人也赚到了五两银子；至于拿到二两银子的仆人则把它埋在了土里。

过了很久之后有钱人才回来，拿十两银子的仆人带着另外十两银子来了，有钱人说："做得好！你是一个对很多事情都充满自信的人，我会让你掌管更多的事情，现在就去享受你的奖赏吧。"之后拿五两银子的仆人也带着他赚到的五两银子来交差了，有钱人说："做得好！你是一个对某些事情充满信心的人，我会让你掌管很多事情，现在就去享受你的奖赏吧。"最后拿二两银子的仆人也来了，他将原来的钱原封不动地还给了有钱人，并说道："主人，我知道你想成为一个强人，收获没有播种的土地，收割没有撒种的土地。我很害怕，于是把钱埋在了地下。"有钱人听完他的话，不但没有夸奖他，还怒骂道："又懒又缺德的人，你既然知道我想收获没有播种的土地，收割没有撒种的土地，那么你就应该把钱存到银行家那里，以便取回来时能拿到我的那份利息，然后再把利息奖给有十两银子的人。"

上面的例子很有启发性，我们从中可以悟出这样一个职场生存规则：主动去做老板没有交代的事情，并把这些事情做好，你就会令老板对你刮目相看，前途必定一片光明。

微软前副总裁李开复曾经说过这样一段话："不要只是被动地等待别人告诉你应该做什么，而是应该主动地了解自己应做什么，然后全力以赴地去完成。对待工作，你需要以一个母亲对孩子般的责任心和爱心全力投入，不断努力。你若果真如此，便没有什么目标是不能达到的。”

杰克·邓是美国一家大型企业的员工，主要负责十多家分公司的人力资源数据的整理和分析。有一天，公司换了总经理，想要了解分公司的情况，并需要和各个分公司的总监进行交流，杰克·邓的任务就是为总经理提供各位总监的姓名、单位和照片。

其实杰克·邓的手上已经有了各位总监的花名册，只是缺少照片，照这样看来他只要把照片收集齐了，就算完成任务了。可是当他完成了上级交给他的任务后，并没有马上结束自己的工作，接下来他做了几件他分外的事情：为了老板看资料方便，把文档打印出来；为了老板能更好地了解各位总监，把各位总监的一些基本信息，如年龄、爱好、所取得的业绩等做成电子版发到老板的信箱中；考虑到沟通、交流的需要，给人力资源总监发了一份优秀员工和一线管理者的资料；考虑到管理人员的便利及对员工的激励，向人力资源总监提建议，希望建立分公司优秀员工基本信息数据库。

苍天不负有心人，杰克·邓的付出成就了他的事业，三年后，他晋升为总经理助理，成为总经理工作上不可缺少的好帮手。

杰克·邓凭借对工作的热忱，做好分内工作的同时分外工作也做得不错，像他这样积极主动的员工才是老板真正需要的员工，因为他们总能交出一份令人满意的成绩单，让做老板的欣喜不已，这样何愁在公司不受器重，不被老板看好！

6 实干加巧干，业绩节节高

在职场中，每一位员工都想着把自己的业绩提上去，以获取更高的薪金及老板的赏识。这种想法是非常值得肯定的，正所谓“不想当将军的士兵不是好士兵”，但如何才能让自己的业绩节节高升，光靠空想是没用的，不如付诸于行动中，这样你才能有成功的可能性。

有一个落魄不得志的中年人每隔两三天就回去教堂祈祷，并且祈祷词几乎每次都一样：“上帝呀，请念在我多年来敬畏您的份上，让我中一次彩票吧！阿门。”

没过几天，中年人又来到教堂祈祷：“上帝呀，为何不让我中彩票？我愿意更谦卑地来服侍您，求您让我中一次彩票吧！阿门。”

到了最后一次，中年人跪着祈求说：“我的上帝，为何您不垂听我的祈求？让我中彩票吧！只要一次，让我解决所有的困难，我愿奉献终身，专心侍奉您——”

就在这时，圣坛上空发出一个宏伟庄严的声音：“我一直垂听你的祷告。可是——最起码，你也应该先去买一张彩票吧！”

对于上面故事中的中年人的做法，我们暂且不深究他面对困难的勇气是多么地脆弱，竟然寄希望于中彩票来解决眼前面临的困难！单是想要中彩票却一张彩票也没买，这样的空想行为就有很大的讽刺意义。不管你想得多么美好，关键要落实到行动上才行，只有实干的人才有可能获得成功的机会。

另外，业绩的高升决不能靠投机取巧来获得，那些谄媚上司、靠迎合老板心意来提升自己业绩的员工也只能风光一时，但最终会使其失去宝贵的工作机会。

从前有一个农夫，他有一头老黄牛和一头骡子，它们一同负责耕作。

一天，骡子对老黄牛说：“今天我们装病休息一下好吗？”

老黄牛听了，摇摇头，说：“不行啊，我们要把工作做完，耕种的季节太短了。”

骡子听了便嘲笑黄老牛：“你真是一个大傻瓜，这么辛苦，休息一下有什么不好。”

于是骡子就装病了，之后被农夫带回家，为了让骡子尽快恢复还给骡子弄来新鲜的干草和谷物。骡子愉快地享受着这一切。

等老黄牛从地里耕种完回家时骡子已经美美地睡了一觉，看到疲惫不堪的老黄牛，骡子说道：“你这是何苦呢，看你累死累活的，难道今天耕完了吗？”

老黄牛回答道：“今天没有以前耕得多，可能还要几天时间。”

骡子又问老黄牛：“那今天主人说我什么没有？”

“没有。”老黄牛回答道。

第二天，骡子还想偷懒，于是又装病不去耕地。当老黄牛从地里回来时，骡子又问当天耕种的情况。

“还不错，也许过两天就能耕完了。”老黄牛回答道。

“那主人说我了吗？”骡子又问道。

“他什么也没说，”老黄牛说，“倒是和对面的屠夫说了很长时间的话，耽误了不少工夫。”

故事听到这里，聪明的你应该会想到骡子即将要面临的命运吧！在我们为骡子的遭遇深表同情的同时，我们也必须明白这样一个道理：千万不可自作聪明，把老板当做傻子，既然他能当你的老板，就必然有能力看清你所看不清的东西。不要以为你投机取巧就可以蒙混过关，如果你不能为公司创造价值，那么你也就失去了存在的价值，终有一天会被老板扫地出门，唯有踏踏实实工作才是刷新业绩的不二法门。

当然，若是在工作中只是一味地苦干，不讲求方法，效率上不去，业绩也无从谈起。真正优秀的员工不仅工作踏实、勤奋，还能运用自己的智慧把复杂问题简单化，为公司节省成本，创造利润，为老板排忧解难。

日本有一家大型化妆品公司曾收到顾客的投诉：卖出去的一些香皂竟然有一些只是空壳。为了预防这样的事情再次发生，公司决定投入大量的人力、物力研发一台可以透视香皂盒是否为空的X光监视器。

有一个员工认为这样不仅耗时，更提高了成本，于是便想出了一个简单而有效的方法：将一台强力工业用电扇放在香皂输送机的末端，用它去吹每一个香皂盒，若香皂盒被吹走，则说明是空盒，被留下来的则是合格的产品。

由此可见，工作上不仅需要实干，更不能忽视巧干，两者有机地结合在一起，方能事半功倍，让业绩节节高升。

附 录

你的职场性格会影响你的业绩吗

为什么要做这个测试？俗话说，性格决定一切。虽然这句话多少有些言过其实，但在如今的职场上，个人的“职场性格”因素有着非常重要的影响。它不仅决定着你的职场表现，影响着上司对你的看法，更左右着你能否取得骄人的业绩。因此，了解自己的“职场性格”，并对症下药进行适当的调整，将有助于你取得更好的业绩，让你更好地把握职场机遇。下面我们就来测测你的职场性格吧。

1. 听说难得一见的流星雨要来了，你的第一反应是：

A. 没有兴趣，连相关新闻都懒得看

B. 有点好奇，但看看新闻转播就满足了

C. 是追星一族，当然要留下珍贵的回忆

2. 你平时多久去逛一次百货公司？

A. 好像是有好几年没去了

B. 不会主动去，路上经过时会进去看看

C. 闲着没事就可能会去那里逛逛

3. 你对音乐的态度如何？

A. 只喜欢听某一类音乐

B. 凭感觉，有些歌一听就会马上喜欢

C. 很多歌都是要听几遍之后才会喜欢

4. 你对常用的交通工具有上锁的习惯吗?

A. 会加上好几道锁,担心治安不好

B. 会另外加装一道安全锁,求个心安

C. 只用基本配锁,觉得自己不会那么倒霉

5. 你闲来无事时会出去散步吗?

A. 会的,不过多半在附近绕圈子

B. 会跑到比较远、平常较少去的地方

C. 喜欢跑到从来没去过的地方冒险

6. 你平均每天到工作地点的时间约需多久?

A. 10 分钟以内

B. 10～30 分钟左右

C. 超过半小时以上

7. 你一早起来是否会有不去公司的想法?

A 难免,但次数不太多

B. 次数算算还不少,跟心情好坏有很大的关系

C. 只有阴雨天才会不想去公司

8. 你平常是否有饲养宠物的习惯?

A. 我超级喜欢小动物

B. 我喜欢养宠物,只是他们的一些小毛病会让我觉得麻烦

C. 我很少或从来没养过宠物

9. 如果可以在金茂大厦租个楼层来工作,你会选择:

A. 50 层,没人打扰,而且视野不错

B. 当然是最高层,喜欢站在最高点的感觉

C. 一楼,进出会比较方便

10. 你洗澡时通常从哪个地方开始涂肥皂？

A. 先从脸开始

B. 从胸部开始

C. 从个人私密处开始

计分标准：选 A 得 1 分，选 B 得 3 分，选 C 得 5 分，最后计算总分。

测试结果：

20 分以下——真材实料型

你的开拓能力和创新能力都不是很好，适合你的工作也不是很多，但你具有高度的责任心，一旦你决定或是接受了某项工作，你就会全力以赴将它做好。在工作中，你热情专注，绝对是个尽职尽责的人。因此，只要你执著地做事，对自己喜欢的专业深入研究，业绩就会属于你。不过，除了工作，你最好也要多走出去，加强自己的人际关系，这会有助于你的业绩。

20～30 分——老谋深算型

你是个很懂谋略的人，知道怎样避重就轻，也懂得如何通过包装自己来掩饰工作上的小缺陷。广结人脉使得你在工作环境中如鱼得水，这也使你职场上很吃得开，与同事关系融洽对晋升有很大帮助。当然，最重要的还是要做出成绩，只有这样老板才会更加欣赏你。建议把心思多用在创造业绩上，会让你的职场之路更加平坦。

30～40 分——脱颖而出型

你总是很有自己的想法，也喜欢提出自己的意见，但却总是无法引起共鸣，常常都是差了最后的“一哆嗦”。其实，你欠缺的只是神来一笔的启发而已。所以，继续发挥自己的创意，并努力付诸实践，平时多做些“课外功课”，打好功底，相信好的业绩就会来临。

40 分以上——创意天才型

你的专业能力可能还不够扎实，但是你有着无限的创意能力。你能够胜任自己的工作，但却总觉得目前的工作不能发挥自己的才能，所以总是在伺机寻找机会。建议踏踏实实做事，业绩自然会从天而降；或者可以从事艺术类或设计类的工作，关键要善加利用自己的长处。这样业绩才能最大限度地找到你。

爆笑职场

辞 职

一名推销员愤愤地对同事说："如果经理不收回他刚才说的话，我就辞职"！。

"经理对你说了什么话？"同事问。

"让我辞职。"

辞 退

经理："我真难以想象，如果我们公司没有你，我们的日子会变成什么样子？"

职员："经理，您太看重我了。"

经理："不过，从下星期一开始，我想试试！"

职员："……"

面 试

某剧组招群众演员，一人来面试。

导演手执一白纸，上书"真相"二字，问来人：知道不？

来人点头。

导演：你不合格！

来人不服。

导演：你演的是群众啊！知道"真相"的不会是群众，群众是永远不会知道"真相的"的。

工作经验

经理："你今年才32岁，怎么已经有38年的工作经验了？"

求职者："因为加班过多啊！"

行业竞争

某女打算考律师证，每天捧着一大堆法律书籍埋头苦读。

被一男同事瞧见了，道："你一个女孩子奋斗这么辛苦干嘛？"等我将来有了女儿，就教她如何钓金龟婿，在家做个贵妇！"

女子抬起头，白了男同事一眼，曰："笨！你趁早觉悟吧！你不知道那行业竞争有多激烈。"

换工作

某集团总经理训话："你整天只会撒谎、吹牛皮、没有半句实话，你说除了让你下岗还能怎么处置你？"

挨训员工："那让我去广告部好了！"